「負けるが勝ち」の逆転！ゲーム理論

逢沢　明

PHP文庫

○本表紙図柄＝ロゼッタ・ストーン（大英博物館蔵）
○本表紙デザイン＋紋章＝上田晃郷

「負けるが勝ち」の逆転！ゲーム理論◆目次

序章

「負けてる人」を応援しよう!

第1章

不幸せは「ゲーム理論」で解明できる!

第4章

「マーフィーの法則」で運命が決まる！

第5章

「絶体絶命のジレンマ」を克服せよ！

第6章

スクラムで「負けた人の勝ち」!

編集協力――エイチ・アイ・エンタープライズ
本文イラスト――あべ　ゆきえ

序章

「負けてる人」を応援しよう！

1 「負けてる人」から見た世の中

「負けてる人」を根本的に変えるために

あなた、負けてません？

いま、みんなにそう尋ねたら、どのくらいの人たちが「イエス」と答えて、ため息をつくことでしょうね。この本は、そんな人たちに読んでいただきたいお話を書いています。

もしも世の中が右肩下がりだったら、過半数の人たちが「イエス」派だというのが動かしがたい事実です。また、成長はしているが、かなり低成長の場合にも、大きく勝つ人はごく少数だけ。結果的に、多くの人が負けをかこつでしょう。

だから、そういう世の中では、負けてる人が「多数派」です。まずそれを理解してみてはいかがでしょう。つまり、負けてる人には「仲間」や「味方」が非常に多いんです。

だったら、あなたは？

ちょっと負けてる人かもしれませんね。いいんです、平均的日本人だというだけですから。いやいや、大きく負けてる人？　たいへんですね、同情します。

歴史を振り返ってみて、世の中全体で、勝ってる人が多かった時代がどれほどあったでしょうか。ちょっと想像してみてください。原始時代から、いろいろ変遷を経て、現代まで来ました。しかし、「過半数幸せ」時代など、ほとんどなかったでしょうね。

それをおわかりいただけるならけっこうです。圧倒的多数のだれもが「負けるが勝ち」ぐらいで生きてきたんです。なんとか「逆転」しようとしてきました。それが世の中です。ちょっと不幸せでつらいけど、なんとか楽しみをみつけ、ニコニコして生きようという姿勢で暮らしてきたはずなんです。

ただ、「負けるが勝ち」にも程度があります。負けるが「ちょっと勝ち」程度から、負けるが「うんと勝ち」以上まででしょうね。できることなら、負けても勝ちたいし、鮮やかに大逆転などしたいものです。

この本はそういうお話を、ユーモア解説というスタイルでまとめてみました。負けるというくやしい現実を、ユーモアで表現しつつ、しかも自分を根本的に変えるような大切な知恵を身につけていただくための本です。

だんだんと説明していきますが、「ゲーム理論」という現代最高の「勝ち方の科学」が主役です。「いかにすれば勝てるか」や「いかにすれば負けないか」という方法を、弱い側の視点からくわしく解説していきます。

「小さな成功」と「大きな失敗」

ところで、実はこの本、新書バージョンは十年ほど前に執筆したものでした。今回それに手を加えて、こうやって文庫バージョンに衣替えしました。

懐かしいものですから、ちょっと執筆時の状況に触れさせていただきます。十年も前の本ですが、驚くべきことに、「負けてる人」の時代は、その後も十年一日のごとく続き、日本は「失われた十年」を嘆くことになりました。しかも、十年前のこの本、冒頭で、きっとそうなるだろうと、苦境の時代を予言していたのです。

時は——一九九三年、バブル崩壊で「負けてる人」が増えた時代でした。沈滞する街に、新鮮な歌声が響きました。楚々《そそ》とした美人歌手さんをボーカルとしたグループ「ZARD」のミリオンセラーとなったヒット曲でした。

負けないで　もう少し

最後まで　走り抜けて
どんなに　離れてても
心は　そばにいるわ
追いかけて　遥かな夢を

（「負けないで」作詞・坂井泉水／作曲・織田哲郎より）

「負けないでのパーソナル化の時代」――なのかな、とぼくはなんとなく思ったのでした。

彼女のように、女性としても、ちょっと線が細くて切ない歌声。そんな恋人から励まされ、なんとかガンバッてみよう、というごく個人的なガンバリの時代。

「ガンバ！」

この言葉、ガールフレンドからかけられるのが、いちばん似合うような気がしました。ウン、彼女のためならガンバれるんだ、というような。

つまり――「小さな成功」と「大きな失敗」が共存するような時代がやってきていたのかもしれません。

世の中、なんだか不幸なんだ……！

「小さな成功」——つまり小さなベンチャー企業を創業して、成功する人などがごく少数出る一方、巨大銀行が倒産したり、超大企業まで無情なリストラが行われる時代がその後やってくるのです。

作詞したボーカルの坂井泉水さん、ひょっとしたらつらかったかもしれない時代を思い出しつつ、自分を励ました歌声が、時代の心を的確にとらえたのかもしれませんね。

成功してもなんだか「不幸せ族」

世の中、「パーソナルな不幸せ」が満ちています。いつの時代でもそうだったのかもしれませんが、かつての栄光を失って以後の日本が特にそうです。「成功している人」もたくさんの小さな不幸せをかかえている時代だ、といっても言いすぎでなくなったのではと思います。なんとかしたいものです。

幸せな人も、それぞれになんだか不幸せなんです……。

不幸せを何ひとつかかえていない人なんて、いるでしょうか？　そんな人はいないと思われます。あなた、どこにも不幸せの影を見ない人を知ってます？

ごくごく幸せにみえる人でも、心の奥底にいくつかの不幸せをかかえているのが当たり前です。ぜいたくな悩みなんかじゃありません。本人にとっては心底の不幸せなんです。

　つまり、「**不幸せ族**」なるお仲間が意外に多いということです。景気が上向いてきても、「まだ不景気だ」と言うように、不幸せは謙遜《けんそん》でもファッションでもなくて、まるで日本の「常態」のように底流を形成しつつ、ぼくたちを巻きこみかねません。

負けてる時代の指針として

　多くの人が負けていて、パーソナルな不幸せの時代、やっぱりなんらかの指針が必要です。指針がなければ、心が少しも休まることがありません。

　安らぎのために、不幸せを考えよう。そんなのもいいじゃないか。ウン、不幸せと仲よく付き合っていこう。そうすることが、心の「防御策」なんだ。そして「**負けるが勝ち**」ということもあるんだよ。逆転のチャンスもみつけられるんだよ。

　そんな心の声におこたえしようとするのが、この本のお話、あるいは架空の〝物語〟なんだといってもよいでしょう。基本的にユーモア路線です。

勝てない人もガンバッてる
あなただってガンバッてるんだ
負けてもガンバろうよ!!

でも、肩に力を入れたりしないで、心安らかに不幸せを見つめて、考えてみることにしましょう。そのほうが不幸せには向いてるんです。だって、焦ったり、頭に血がのぼったんでは、ますます事態を悪化させるだけですからね。

この本のオリジナル・バージョンでは、本書の読み方として、次のようにおすすめしています。

1　片手に気付けのアルコール入りグラスを持ち、袋入りポテトチップなどを用意すること

2　驚いて卒倒するといけないので、あらかじめ寝椅子にでも寝ころがっておくこと

3　毒薬、爆弾、ピストルなどの危険物は、身辺からできるだけ遠ざけること

4　魔除《まよ》けのお札を近くに貼っておくのが望ましい

そうですね、「不幸せをうんと楽しく考え、それを突破しよう！」というのが、この本の大方針なんです。不幸せって楽しいものなんだよ。他人の不幸せを笑うような、コスッ辛い人間になるんじゃなくって、「なぜか勝てない法則」だとか、「どうして不幸せになるのかの法則」を知ろうよ。そして、それを乗り切る心の強さを身につけて、いつかは人よりましになる、というアスナロ物語にしちゃいましょうよ、という本なんです。

人間、万事**「負けるが勝ち」**なんですね。

「ゲーム理論」で不幸せの原因がわかる

ここで使っている体系は、「ゲーム理論」という経済学が主役です。

経済学といっても、理科系の人にもポピュラーな理論です。情報系の基礎コースでは普通に教えてくれるでしょう。どういうわけか、生物学コースでも近年はおなじみです（京都賞という賞金五〇〇〇万円の賞を取った生物学者さんまでいます）。それ以外に、政治学、社会学、心理学、スポーツ理論、その他その他……、現代を解き明かすための理論として、いまや最も注目されている体系の一つなんです。

ノーベル経済学賞が数人、株式や為替などの金融市場で大金持ちになった人がおそらく無数。アメリカが戦争を仕掛けるときには、背後では超一流のゲーム理論の戦略家が、大統領のそば近くに座っているはず……。

おことわりしておきますと、ノーベル賞級の現代理論だといっても、**難解な数式などいっさい使いません**ので、その点はご安心を。

「え？　でも、たかがゲームの理論なんでしょ」

「そうだよ。たかがゲームさ」

「テレビゲームとか？　その作り方の理論？」

いえいえ、テレビゲームは関係ありません。この世の中におけるありとあらゆる戦いの状況を「ゲーム」と総称して、その「勝ち方」「負けない方法」などを、きちんと理論的に考える体系なんです。世間では「必勝法の理論」だと考えられていますよ。

「ふーん」

「世の中では、かけひきの理論だといってるしね」

「かけひき上手になる科学？」

「イエス。出世も恋も戦争もお金儲けもね」

「ちょっと危ない科学なんだ――」

「使い方をまちがえるとさ」

ダイナマイトが、殺人兵器としても使えるし、大規模土木工事にも使えるようなものですね。ダイナマイトの発明者、アルフレッド・ノーベルさんは、その危なっかしさを悔やみ、全財産をノーベル賞の創設へとつぎ込みました。その結果、後に経済学賞まで設けられて、いまやゲーム理論の分野でも、何人かがノーベル賞を受賞することになったのです。

そんなゲーム理論、通常は「勝つ側」で考える人が多いものです。けれど、当然ながら、「負ける側」からゲームを分析することもできます。

この本では、**「負ける側」や「不幸せな側」から、ゲーム理論でその原因の分析をするんだ**とお考えいただいたらよいでしょう。負け方を徹底的に考えることによって、逆に**勝ち方の「秘伝中の秘伝」に接近することだって可能**だと思いません？　なぜ負けるかがわかるようになれば、勝ち方も自在になってくるんですけどね。ちょっと高級なゲームの極意入門なんです。

2 負けちゃう物語いろいろ

金貸しと娘の不幸せ

負ける側の不幸せをいろいろお話ししますが、もちろん読者のみなさんに涙を流していただこうというわけではありません。この本でおもに話題にするのは、いわば寓話《ぐうわ》です。現代のおとぎ話です。あるいは楽しいパズルの一種です。本書のほとんどは、フィクションに基づいて構成しています。

ただ、いつあなたが、そのフィクションの主人公にならないともかぎりません。その日に備えて、不幸せに対する抵抗力をつけちゃおうという本だとお考えください。

さて、入門的なゲーム理論ではおなじみの話題ですが、かつてエドワード・デボノの『水平思考の世界』（講談社刊）にもあった、次のようなケース・スタディを考えてみましょう。有名なパズル問題です。この問題に対して、これからちょっと変わった解説を加えてみましょう。

例1　金貸しと娘

昔、一人のロンドンの商人が、ある金貸しから莫大《ばくだい》な借金をして大変困っていました。

もし借金が返済できないときは、監獄に放り込まれた時代です。

醜い金貸しは、その商人の美しい娘に目をつけて、次のようなルールの取引を提案しました。

1　大きなカラの財布の中に、**白と黒の小石**を一つずつ入れるから、娘がその一つをつかみ出せ。

2　もし**白い石**をつかんだときは、娘はいままでどおり父親と暮らしてよく、借金も帳消しにする。

3　しかし、もし娘が**黒い石**をつかめば、借金を帳消しにする代償として、娘は金貸しの妻となれ。

拒めば、父親は監獄送りです。娘はしかたなしに、このルールに同意しまし

た。
　そこで金貸しは、三人が立っていた石コロ道から、二つの小石を拾って、財布の中に入れました。
　ところが娘は、金貸しが財布に入れた石が、二つとも黒石だったことを、目ざとく見てしまったのです。
　金貸しは娘に、運命を決める石を選べ、と容赦なくせまりました……。

　さあ、娘はどうしたでしょうか。インチキだなどと金貸しをなじっても、父親が監獄送りになるだけです。では、父親を救うために、みずから黒い石を選んで、自分を犠牲にすべきでしょうか？
おなじみかもしれない正解は次のとお

りです。初めて読んだ方は感心されることでしょう——

答 金貸しと娘

娘は財布の中に手を入れ、小石を一つ取り出しました。そして小石が白か黒かを確かめる間もなく、それを手から滑り落とし、石コロ道に落としてしまいました。

そこで娘は言いました。

「大丈夫。財布の中に残っている小石を見れば、いま落とした小石の色がわかりますものね」

財布の中に残っている石は、もちろん**黒**ですから、娘が最初に取り出した石の色は——**白**、ということになりますね。

このように娘は「水平思考」をすることによって、絶体絶命と思われたピンチから脱出して、きわめて有利な立場に立ったのです。

視点を転換しよう——ほんとうに不幸せなのは誰？

おわかりいただけたでしょうか。負けや不幸せを考えるといっても、本書で扱うのはこんなレベルの寓話です。わざとおとぎ話の世界に落とし込んでいます。深刻そのものにみえる不幸せを扱うのではありません。

ほんとうに深刻そのものの設定にすると、かえって不幸せを見る目が曇ってしまうからです。主人公に同情して、感情移入しすぎます。あなたの立場が不公平なものになってしまいかねません。

公平に、幸せと不幸せを見る目を養わないことには、自分の不幸せを客観的に見つめることができなくなります。客観性を失った状態におちいると、不幸せから抜け出す〝名案〟も出てきにくくなるのではないでしょうか。

ところで、もしやさっきの問題、**「とてもハッピーな物語だ」**と思ったのではありませんか？

いえいえ、これはとても不幸せな物語としてお話ししたのですよ。もしそう気づいていたなら、本書の方針を少しは理解いただけたことになるんですが……。

では、このパズル、どうして不幸せな物語なんでしょうか？　それに気づくような**「視点の転換」**が、ほんとうはゲーム理論などの科学や、あるいは実世界での「不条理の乗り切り方」として大事だということなんです。

やさしいですから、正解をお話ししましょう。「金貸しの立場」に立ってみるんです。そうしたら、こんなに不幸せなお話はありませんよ。

この金貸しさん、とても思いやりのある人物だったようです。困っている商人に莫大なお金を貸してあげました。のみならず、お金を返済できない商人を、監獄行きから救ってあげようとしたんですよ。この点を考えただけでも、**金貸しがまれにみる〝善人〟だったことはまちがいない**でしょう！

ちがいますか？　彼は悪ラツだった？　とんでもない。ただ、人間としての弱さを、ほんの少しもっていただけだと考えてあげませんか？

なにしろ、彼がやらかした落ち度はたった一つ——ちょっとズルをしただけなんですからね。

この金貸しの弁護は、いくらでもできるでしょう。彼は心やさしい人物であって、しかも自分の容貌が醜いことを知っていました。だから、娘の体面を大事だとして、「賭けに負けたことにして、お嫁においで」と、わざわざ彼流の理由（?）まで用意してあげるために、このゲームを提案したのかもしれませんしね。

それなのに、**せっかく親切な提案をした金貸し**は、なんの代償もなしに、借金を棒引きにさせられてしまいました。ほんのちょっとのズルと引き換えに、莫大な貸し金を相殺されてしまうなんて、これが不幸せな物語でなくって何でしょうか。彼の思いやりは、すっかり踏みにじられてしまったのです。

おわかりでしょうか。これが「視点の転換」です。金貸しの側から見たら、このお話は人生最大の不幸の物語同然だったんですよ。

しかも――読者のみなさんの九九パーセントまでが、彼の不幸せを快感と感じているにちがいないと思うと、この金貸しは、きっとハラワタが煮えくり返っていることでしょうね！

世の中の人というのは、容貌の醜い人間が悪で、外見の美しい人間は善だと思いがちです。醜い人間が美人に求愛するなんてケシカラン、ということになれば、人間がみんな平等である、という気高い人間平等思想さえ否定していることになりかねません。

そのうえ、娘のほうもズルをした、という事実をくれぐれもお忘れなく。このお話、金貸しと娘の双方の立場に立って、公平に見なければならないんですよ。

相手の立場に立てるのがゲーム巧者

さて、冗談めかしたお話から始めましたが、この本の特徴は、**従来のゲーム理論**

の本で考えてこなかった側からも考えて、ゲームの分析を深めていることです。だから、ちょっと高度なテクニックのヒントが入っている本なんです。

さて、実は人生における「悪」とは、この金貸しさんのような立場であることがしばしばでしょう。あるいは、非常に多いのかもしれませんね。純粋かつスーパードライな悪なんて、一般庶民にはごくごく少ない……。多くの善意と、たまたま少しの悪意がほとんどなんです。

好きな彼女に、やっとのことで告白した。けど、彼女からストーカー扱いされちゃった。

道でぶつかられて、謝りもしない人がいた。それは失礼だと文句を言ったら、オマエは言葉づかいが悪いと、かえってこちらが悪者にされた。

気の毒な事例には事欠かないはずです。もしもそれが自分の場合だったら、「いや、ボクは悪くない」「私は悪くない」と、心の中で合理化できます。しかし、他人に対して、ほんとうは良いのか悪いのかを、客観的、冷静に考えているのでしょうか？

ゲーム巧者になるためには、**「相手の立場に立てる」**という能力が絶対的に大事です。これは強調しておきましょう。将棋を指すとき、自分がこう指したら、相手はこう受けるだろうとか、相手の立場に立って「先読み」しますよね。それと同じだということです。

あるいは、この本の登場人物の立場などに、自分自身を置き換えてみる「想像力」も重要です。娘の立場になってみますか？　それとも、金貸しの立場に？

もしも金貸しの立場になったとしたら、この金貸しさん、ちょっと詰めが甘かったでしょうね。特に条件を「譲歩しすぎ」ていたでしょう。石ころゲームをする必要なんてあった？　彼はもっと有利に立ち回り、娘に感謝されつつ愛されるなんていう「美女と野獣」ばりの展開だって可能だったかもしれないんです。ゲームの達人になれば、やがてそれがわかります。

多くの男性は、美女に愛されないタイプかもしれません。なんだか胸にグサリときた人がおられるかもしれませんが（？）、世の中ほとんどの人は、ヒーローでもヒロインでもなくって、とりたてて取り柄もないし、さっきの金貸しさんより、もっともっと不利な立場にいるはずです。

そういう弱い人たちの立場に同化してみて、ゲーム理論を考えてみなければなりません。そうでないと、少しでも強くなることさえむずかしいでしょうね。

同じことをやっても負ける人

不幸せのパターンにはいろいろあります。先ほどの例の場合には、娘の立場で見れば、「貧乏」という不幸せです。一方、金貸しの立場からは、「ゲーム下手」という不幸せです。不幸せのパターンが、この二とおりくらいで終わるんだったら楽ですが、そんな一筋ナワではいきません。もっと悪質な負け方があります。深刻ぶらずに、また寓話を例にしてみましょう。

例2　欲ばりじいさん

あまりにも有名な昔話ですが、花咲かじいさんは、何をやってもうまくいき、大判小判も手に入るし、殿さまからもほめられました。

けれども、隣に住んでいるかわいそうなおじいさんは、単に花咲かじいさんのマネをしただけだというのに、何をやってもうまくいかず、欲ばりじいさんとののしられました。そして最後には——

ある本：殿さまにしかられましたとさ。
別の本：殿さまにお手打ちにされましたとさ。

同じことをやっても、負けます……！

もしこの例をお堅い数学者にでも見せたとしたら、「解決策なし！」と断固として結論づけられてしまうことでしょう。「負け方」という問題は、科学で扱うにも非常にむずかしいんです。

もしや、「二番煎じ」がいけないんですか？　オリジナリティのなさが悪い？

人のマネをするのがそんなにいけないのなら、どこかの国では、みんなが地獄に堕《お》ちてしまうことでしょうし……。

ゲーム理論では、「オウム返し」といって、まったく相手のとおりにマネする作戦を用いることがあります。マネが悪いとは一概にはいいきれません。マネも重要な戦法の一つであることは、頭の片隅で覚えておいてください。

実は、マネという問題よりも、**「運」と「不運」**という大問題が、この世の中にはあるんです。

まったく同じことをやっても、幸せになる人と、不幸せになる人がいる!!

この厳粛な事実は、ぜひとも覚えておいていただかなければなりません。この難問中の難問を、本書の第4章でくわしくお話しする予定です。「確率」という問題とからめて、この世のおそるべき〝真実〟を知っていただくつもりなんです。

3　不幸せはまだまだあれど

不幸せ物語の類型

不幸せはいろいろですので、パターンはまだまだあります。ただ、いま述べたように、ごくごくおおざっぱに分類しますと、三つの類型が出てくると思われます。

1　社会的な〝壁〟が存在して、個人が不公平で無力な状況におかれる
2　戦いには勝者と敗者がいて、力不足や作戦負けで敗者になる
3　同じことをやっても、幸せになる人と不幸せになる人がいる

1というのは、しばらく前の時代までは、不幸せな物語で最大のメインテーマでした。「貧乏」だとか、「巨大な組織」の存在などが、個人を押しつぶしていくパターンです。金貸しから無理難題を押しつけられた娘さんは、この類型に入っています。たいていは「世間に負ける」などという悲劇です。

一方、2の類型に相当するのは、先ほどの金貸しの例などです。この本では、こちらのほうがメインテーマになる人たちです。そして、3の欲ばりじいさん型というむずかしい問題も、この本のメインテーマなんです。

なぜ2や3をわざわざメインテーマにするのかというと、かつての本では、あまり真剣に考えてもらえなくて、片隅におかれることが多い人たちだったというのが、大きな理由の一つです。つまり、非常に大事なテーマなのに、**よその本にはあまり載っていない**ので、ぜひ知っていただきたいということです。

しかも、「あなたもそんな人たちなんですよ」と、読者の大部分の方に向かって言えるのも、それが「この世の真実」であるからです。つまり大部分の人たちは、日常的に敗者になったり、不運におちいることが非常に多いはずだ、という理由からなんです。

そしてさらに、最も大きな理由としてあげられるのは、2と3の問題は、

個人の〝知恵〟と〝努力〟で乗り切れる！

という点だとお考えいただくとよいでしょう。この本のあちこちに、解決への大事

なヒントがちりばめてあります。

ゲーム理論的な〝作戦〟を述べるなら、「個人の力でなんとかなるんだったら、そんな問題こそよく研究しておいたほうがいいね」ということです。

なお、ベストセラーにしていただいた私の『ゲーム理論トレーニング』（かんき出版刊）などもあわせて読まれると、さらに目からウロコが落ちるようにおわかりいただけることがあるでしょう。

個人が押しつぶされる悲劇

実際、社会の矛盾などによって、個人が押しつぶされるという1のパターンは、かつてほどは注目されなくなっているようです。

簡単にご説明しておきますと、昔の日本の映画や小説では、「貧乏」がメインテーマである作品がたくさんありました。あるいは、戦争によって引き裂かれる家族たちとか、古い家族制度や封建制度に押しつぶされる人たちなどのテーマです。

ところが、近年はそういう作品が激減しました。たまに現れたりすると、むしろ新鮮な目で見られることさえある時代になったのです。

ある意味、ピラミッド型の「タテ社会」ではなく、個人の重要度が増したネットワーク型の「ヨコ社会」へと、社会が変貌をとげつつある影響もあるのでしょうね。

巨大組織による悲劇の一例をご紹介しておきましょう。ヨーロッパでいじめられていたユダヤ人たちのジョークです。彼らのジョークには、こんなパターンがかなりの割合で含まれます。

例3 タライまわしの悲劇

貧困者の嫁入り支度を援助する会では、募金係をウィーンのロスチャイルド銀行に派遣しました。

案内係は、「それなら二一七号室です」と教えました。

二一七号室の事務員は、「そういう特別なケースは、ここの所管ではない」と言って、三〇二号室にまわしました。

「お嫁入り支度でしょうか」と、そこでは係の者がしごく丁重に言い、用向きをくわしく説明させられました。そして、「この件なら、七六号室にお越し願わねばなりません」と教えられました。

その七六号室では、あれこれ話を聞いてくれた末に、「ここはウィーン在住の花嫁だけが所管だ」ということで、また四三一号室にまわされてしまいました。

しかし、四三一号室には正式の担当者がいなくて、銀行はもう閉店時間がやってきて、みんなぞろぞろ帰りかけていました。

銀行を出てから、募金係の男は、巨大な建物を見上げて感嘆しました。

「すばらしい。金はもらえなかったが、ここの組織は実にたいしたもんだよ」

この小咄《こばなし》、巨大な組織を象徴するために、とても慎重な表現を用いています。それをロスチャイルド銀行としました。ロスチャイルド家は有名なユダヤ財閥です。その名を使うことによって、ユダヤ人たちは外部との摩擦を避けたのですから、二重の哀しさのあるジョークなんです。

なお、「貧乏」はテーマにしにくくなりましたが、「巨大組織」はまだまだテーマになります。「事件は会議室で起きているんじゃない！」と叫んだ『踊る大捜査線 THE MOVIE』が、娯楽映画として空前のヒットを飛ばしたように。

この本では、組織の問題のゲーム理論的な側面について、第6章で解説をおこないます。

勧善懲悪ではない世界

さて、2の「敗者になる不幸」と、3の「偶然による不幸」の例を、もう少し見ておきましょう。

片方が勝って、もう一方が負けた場合、負けた側が悪者にされることがよくあります。特に戦争などの場合です。やはり勝つほうを正義にして、負ける側を悪として単純に描くのが、いかにもわかりやすいからでしょう。第二次世界大戦物なら、ほとんどのアメリカ映画は、アメリカが正義で、ドイツが悪になります。アメリカから日本を描いたら、日本が悪者にされやすいわけですね。

例4 無頼の少年が襲う！

あるおとぎ話では、鬼ヶ島に住んでいた少数民族は、互いに肌の色が違っても、人種差別もしないという、当時としては考えようもないほど〝進歩的〟な人たちでした。

そこへ突然、桃太郎という、生まれも怪しい無頼の少年が、手下を引き連れて

襲ってきました。そして、有無を言わさず、彼らをサンザンな目にあわせ、なおかつ彼らの財産を、一切合財、奪い去ってしまったのです。

　これはもしや、小さな島に追いやられ、鬼と呼ばれた少数民族の悲哀の物語だったのでは？

　しかも、この桃太郎という少年、鬼の財宝を自分の一家だけで独り占めしたフシがあります。手下のイヌ、サル、キジには、ほんの申しわけ程度のキビダンゴしか与えなかったのでは、と推測されます。

　あんまりひどすぎませんか？

敗者の視点から見ると、こんな悲劇に

見えてしまわないでもない（？）という事例です。こういう視点もないと、世の中の真実もわからないし、ゲーム理論の達人にもなれないことでしょう。

実際、勝者と敗者を対等に見ていないということでは、かつての西部劇は典型的でした。インディアンは常に悪でした。

しかし、近年の西部劇では、『ダンス・ウィズ・ウルブズ』など、その流れがすっかり変わってきて、インディアンの不幸を正当に描くようになってきました。現在では彼らを「ネイティブ・アメリカン」と呼ぶ風潮も生まれつつあります。

ここに時代の変化を、多少なりとも感じとれるのではないでしょうか。そして、勝者と敗者を公平に描くことによって、作品の質ははるかに高まり、不幸な物語として、人びとの心に深く染み入る名作となることができるのです。

それとともに、「世の中のゲームがはるかに高度化しつつある」という事実も伴っているのでしょうね。古風で生兵法《なまびょうほう》のゲーム理論の教科書を読んだ程度では、実際の応用には歯が立たない時代がだんだんやってきているのでしょうね。

つまり、勧善懲悪《かんぜんちょうあく》で世の中を見ることができない時代です。ある意味であくまで対等で、しかも対等だからこそ、困難なゲームになるという場合も解説しなければならないのです。**弱者のあなたが、強者の巨大組織とも対等になれる**のですから、ゲーム巧者には有利な時代だということでもありますが。

偶然による不幸のシステム

一方、3の「偶然による不幸」というのは、どういうものでしょうか。ただ運が悪いだけで、不幸になってしまったのでは、まるで喜劇にしかならないのではないでしょうか。

いいえ、そんなことはありません。たとえば、シェークスピアの『ロミオとジュリエット』の場合、その悲劇の本質は、いくつかの不運がたて続けに重なったことだけに起因しています。

例5　不運な若者たちの物語――『ロミオとジュリエット』

ロミオは不運な殺人を犯して逃れることになります。一方、ジュリエットは秘薬で仮死状態になったものの、その情報がロミオに届きません。

そして、キャピュレット家の墓所に駆けつけたロミオは自殺し、目覚めたジュリエットも短剣であとを追います。

もちろん、家どうしの反目が背景にあります（1のパターンです）。しかし、若い恋人たちが死んでしまうという悲しいストーリーは、あくまで不運の連続によって進展します。シェークスピア劇のなかで、最も強く「運命悲劇」の性格をもっている作品ですね。

また、もっとにぎやかな不条理物語として、人気もありますし、山ほど使われてきたパターンは、やはりこの3です。映画ならたいていの方が観ておられますので、そんな例で述べておきましょう。

例6 恐ろしい殺人屋敷――『13日の金曜日』

たまたま泊まった湖畔の一軒家。そこへやってきたことが不運の始まりとなって、次々に惨劇が起こります。

「あ、そこへ行ってはダメ！」と観客が思っても、しだいにサスペンスは高まっていき、突然、まさかと思うような殺され方をして、派手に血しぶきが飛び散ります。

『13日の金曜日』シリーズなど、サスペンスや意外性を求めたつくりのスプラッタームービーです。言ってみれば、不運を素材にしているのです。

同じ趣向としては、たとえば『ホーム・アローン』。マヌケな泥棒側の立場で見れば、これはとても不運な人たちをテーマにした映画だということになりますね。

例7　ワンパク少年の武勇伝――『ホーム・アローン』

クリスマス休暇で、一家そろってパリへ遊びに行くはずだったケビン少年。ちょっとした不運で、彼一人が家に取り残されてしまいます。

しかし、もっと不運だったのはマヌケな泥棒たちです。イタズラッ子の立てた〝戦闘プラン〟にことごとくハマッてしまい、とんでもない目にあわされます。痛い！　熱い！　失神！……これでは、あまりにツイてません。

シェークスピアの悲劇と、現代の娯楽映画を一緒クタにするのもやや恐縮ですが、底流として運命悲劇という、とても普遍的な作劇法が使われているのです。

そして、そのような運命悲劇は、だれにでも起こるかもしれない性質のものです。この世にはある種の〝不幸のシステム〟があって、よく注意しなければいけないという意味で、この本ではくわしく解説しましょう。

ルールは公平・平等なんです

ごく簡単に駆け足で、いくつかの不幸な物語のパターンをながめてきました。もちろん、これらのパターンは、厳密かつ正確に分類しきれるものではありません。いくつかが複合した不幸というかたちをとることが多いです。

ただ、ちょっと気づく点があります。

◎1のパターン（「貧乏」や「巨大組織」による不幸）

出発点からして、ちっぽけな存在の主人公ですから、もともととても不公平な設定です。その不公平さこそが、まさに不幸の源泉なんです。

◎2や3のパターン（「敗者になる不幸」と「偶然による不幸」）

こちらのルールはもともと「公平」です。2のパターンなら、公平なルールのもとで、強い者が勝者となり、弱い者が敗者となります。3のパターンでは、幸せになれたかもしれない者が、運が悪いだけで不幸になってしまう、という不条理が起こります。

ルールは「公平」、みんなが「平等」、そこから出発して、やがて成功する人や、失敗する人が出てきます。それが、「自由主義社会」の大原則です。2や3のパターンを重視するというのは、自由主義型の世の中を、ゲーム理論でよくよく考えてみようという立場なんです。

たとえば、「ビジネス」のルールが公平な社会だとしましょう。そんな社会で勝ち残るためには、ゲーム理論の知識を少しは知っておいたほうがいいでしょう。

また、男女も平等だから、「恋愛」は男女対等のゲームだという側面があります。もちろん、「受験」や「就職」の競争での作戦なども、**ゲーム理論を参考にすれば、自分にとってより有利に展開できる**でしょう。

あるいは、近年は「住民パワー」が非常に強くなってきました。お上の意向だからということで、行政側が立ち退きをせまったり、道路を無理やり通したりということもしにくくなりました。行政と住民は対等です。そういう問題を考えたい方は、この科学をじっくりと勉強してみるべきです。

もっと目を世界に向ければ、「民族問題」が、いまほどクローズアップされている時代はありません。キナ臭い中東圏の国際情勢や、少数民族などの問題は、**ゲーム**

理論を知っていたほうが考えやすいわけです。

いろいろな立場で、この本の科学を考えてみていただきたいと思います。

第1章 不幸せは「ゲーム理論」で解明できる！

1 「ムカデのゲーム」の不幸せな結末

天才物理学者の不運

ちょっと天才の話をしましょう。

理論物理学者のヴォルフガング・パウリという人は、二十歳で相対性理論の教科書を書いたほどの天才だったといいます。その彼は、パウリの排他律の発見や、ニュートリノの存在を予言したことなどでよく知られていて、一九四五年にはノーベル物理学賞を受賞しました。

ただ、彼には、仲間の物理学者たちが〝パウリ効果〟と呼ぶような、マカ不思議な現象がつきまとっていました。パウリが実験室に入ってくると、実験器具がしょっちゅう壊れてしまうのです。

精密な測定装置などが、何の原因もなく不調におちいって、実験不能になってしまいます。真空ポンプは破裂して壊れます。もし原因を推定するなら、それはパウリが部屋に入ってきたこと以外にない、と同僚の物理学者たちは話題にして、これをついに〝パウリ効果〟と呼んだのです。

パウリ自身は、

「だから、ぼくは実験なんてやらないんだよ」

とうそぶいて、紙とエンピツだけの理論物理学に没頭していました。

ある日、ゲッティンゲンにいるフランク教授が実験中に、ある複雑で高価な機械が壊れてしまいました。パウリがそばにいなかったのに、です。

彼はそれまでも、パウリ効果の被害者だったので、このできごとについて、いつどのように壊れたのか、パウリに手紙を書いてくわしく知らせました。

「……きみはチューリッヒに住んでいるんだし、今回の件は、パウリ効果のせいにするわけにいかないよね。まったくぼくには不運なできごとだったなあ」

すると、パウリから、予期せぬ返事が届きました。

「言いにくいことなんだが、実はその日、ぼくはコペンハーゲンへ旅行に行く途中だったんだ。きみの機械が壊れたちょうどその時間に——ぼくの列車はすぐ近く、ゲッティンゲン駅に停まっていたはずだよ」

あなたの隣にも不運な人がいます

こういうパウリのような人は、ときどきいるものです。単なる偶然とは思えないほど、不運な現象がたび重なる人たちです。

かつて映画『グレムリン』で有名になった悪魔は、機械に取りついて、それを壊しました。あの映画の創作というわけではなくって、権威ある（？）「悪魔学書」にもちゃんと記載されていますよ。グレムリンは、最も新しいタイプの悪魔として、近年、承認され、有名になったもの。それを映画に取り入れたんです。

フレッド・ゲティングズの『悪魔の事典』（青土社刊）などによれば――

【グレムリン】

いたずら好きのエレメンタル（精霊）。第二次大戦直前にイギリス空軍によって伝承されはじめ、飛行機のメカニカルな欠陥や故障が、グレムリンのせいだとされた。

「グリム」（陰惨なという意味と、童話作家のグリムをかけた）と、ビール飲みを意味する「フレムリン」を結びつけた造語。けっしてモスクワの「クレムリン」を

皮肉った名前ではない。

そういえば、機械がすぐに故障しちゃうなとか、どうしてパソコンがこうもクラッシュするんだろうな、などという人がいるものですね（ぼくもそのケがあります）。あなた自身、あるいはあなたの隣に日常的に存在するものなんです。

根っからのグレムリン君や、クレムリンさんたち、「どうしてこうも不運なんだ！」ってモンモンとしているはずですね。

ヨコ型の社会、つまり公平で平等で自由で、さまざまなネットワークが発達した社会では、そういう不運や災難がしばしばゲームの行方を決めてしまいます。その影響が大きくなっているんです。それをこれから、科学的に解明していこうと思っています。

「ムカデのゲーム」で不幸せを〝増幅〟する

運まかせの確率的な現象だけでは、まだ心もとないですから、不幸せを〝増幅〟する仕組みをここでまずご紹介しましょう。

公平・平等な社会における「不幸せの増幅装置」！　絶対確実の不幸せを——とても幸運そうに見えるルールから導けるのです。

ゲーム理論という分野で研究されている「ムカデのゲーム」を例にしてみましょう。例題はごく簡単です。なにもむずかしくありません。54ページの図1をご覧ください。なぜ「ムカデのゲーム」と呼ぶかは、図の形を見ていただければ明らかでしょう。

例1・1　ムカデのゲーム

A君とB君とが対戦します。二人は交互に決断の機会を与えられます。二人が言えるのは「イエス」か「ノー」だけ。そして、二人のどちらかが初めて「イエス」と言った時点で、このゲームは終了するというだけです。

二人はこの図のルールをよく知っていて、どの時点で「イエス」と言えば、賞金がいくらかということを、ゲームが始まるまえから熟知しています。図をよく見ると、A君のほうが賞金額の点で多少不利ですが、こんな簡単なゲームで賞金がもらえるんなら、二人とも大喜びでしょう。

このゲームで、はたして二人は何ドルずつもらえるんでしょうね？　ただし、二人は敵どうしで、互いに協力しあわないとしますよ。

解答を考えるために、少し図をたどってみましょう。最初にA君が決断します。もしA君が「イエス」と言えば、A君とB君はそれぞれ一ドルずつ賞金をもらって、このゲームは終わります。図のとおりですね。そして、もしA君が「ノー」と言えば、今度はB君が決断する場面へと移ります。

図をさらに見ていただきますと、そこでB君が「イエス」と言えば、A君は何ももらえない（〇ドル）。そしてB君は三ドルもらって、ゲームは終わります。一方、B君が「ノー」と言った場合には、またA君に決断権が戻ってきます。

一回目と二回目の決断について、図と対応がとれたでしょうか。こんな決断を、ずっと繰り返すのです（図では二〇〇回です）。

図1 「ムカデのゲーム」——どこで“YES”と言うべきか……

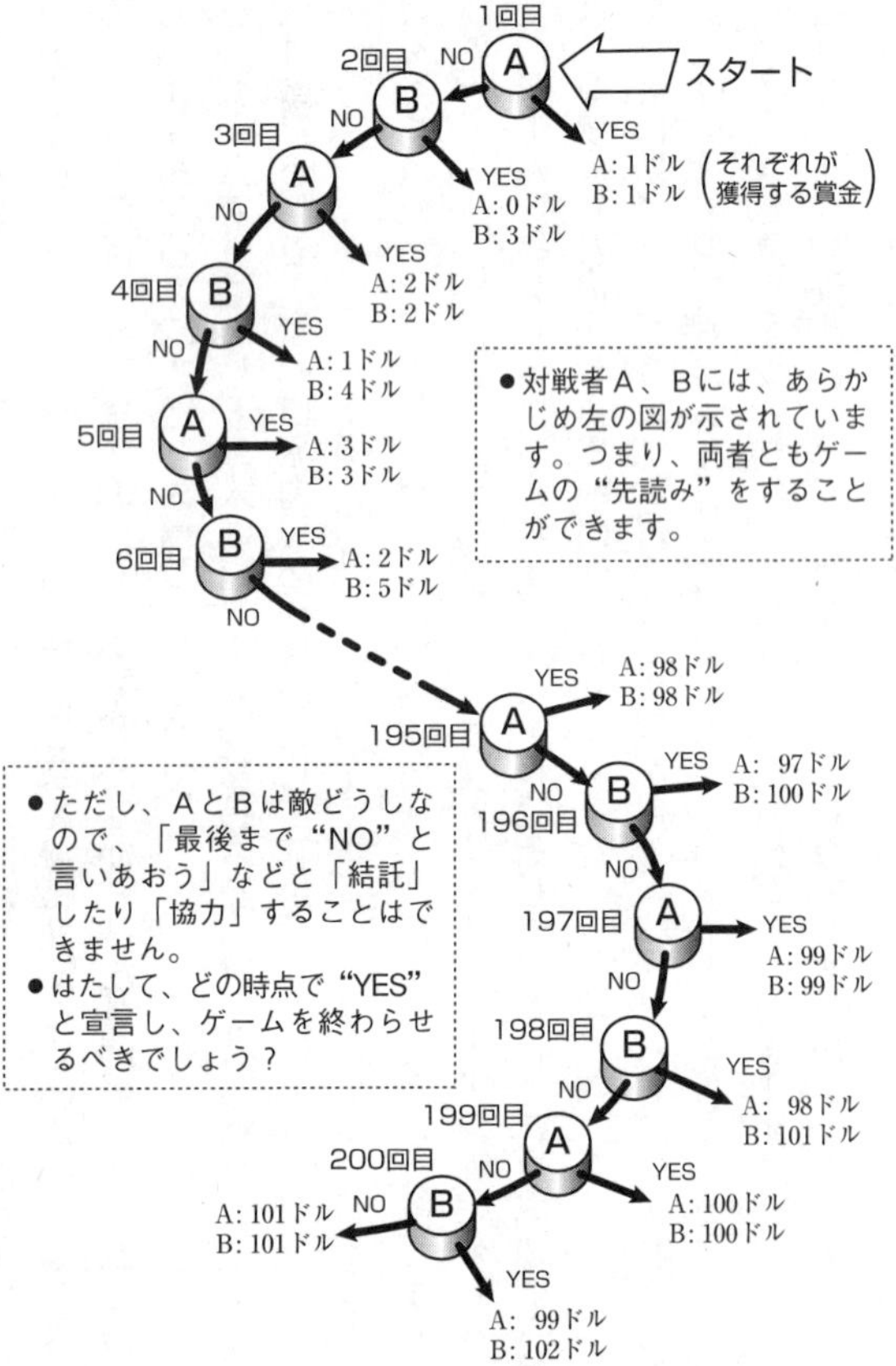

さて、三回目にA君が「イエス」と言えば、賞金はそれぞれ二ドルずつ。四回目にB君が「イエス」と言えば、A君は一ドル、B君は四ドル。そして……と続いていきます。つまり、回を追うごとに賞金の合計が一ドルずつ増えていくんです。

そして、n回目に「イエス」と言って終了すれば、二人合わせた賞金の合計金額はnプラス一ドルというわけですね。

この図によると、最後の回だけは、B君が「ノー」と言っても、二人に賞金が一〇一ドルずつ与えられて終了します。それ以外は、えんえんとムカデの足のように続いているんです。

いうまでもなく、A君とB君は敵どうしです。けっして協力しあわないと仮定します。この「協力しあわない」という仮定を忘れないでください。

そして二人とも、合理的に考えます——すなわち、自分の賞金をできるだけ多く獲得しようとするんです。また、ゲームのルールはあらかじめ与えられていて、二人ともそれをよく知っていることにしてありますから、ずっと未来のほうまで「先読み」しながら対戦することが可能です。

したがって、このムカデのゲームは、

1　複数のプレイヤーの対戦である
2　プレイヤーは、常に合理的行動をとろうとする
3　プレイヤーは先読みする

といった問題設定をとっていて、これはゲーム理論という分野のオーソドックスな問題なんです。

さて、あなたがこのゲームに参加するとしたら、いったい、いつの時点で「イエス」と言って、勝負を決めますか？

「ノーと言い続けたほうが、賞金が増えていくから、そのほうが絶対有利に決まってるさ」

いやいや、相手とは敵どうしなんです。そんなに簡単なゲームではありませんよ。


逆向きに考えると……

このゲームのむずかしさを知っていただくために、「イエス」と「ノー」の決断のしかたを、ゲーム理論の流儀にしたがってご説明しましょう。「**先読み**」という方法をとるんですよ。

ここからは頭の体操的なパズルです。図の最終回、すなわち二〇〇回目までゲームが続いたとして、B君の決断を考えてみます。二〇〇回目で、B君は「イエス」と言うべきか、それとも「ノー」と言うべきなんでしょうか？ 54ページの図をよく見直して考えてみてください。

この決断は、敵であるA君の考えにはまったく影響されません。B君は自分ができるだけ得をしようとしているので、B君自身がいくら賞金を獲得できるかだけにかかっています。すなわち――B君が「イエス」と言えば、B君は賞金一〇二ドル獲得。一方、B君が「ノー」と言えば、B君は一〇一ドル獲得です。

これなら、B君の決断は、はっきりと決めることができますよね。つまり――B君は「イエス」と言うはずなんです！

それがわかったなら、最終回の決断はすんだことになります。A君は、二〇〇回目にB君に決断をまかせると、九九ドルもらえることになりますが……。

しかし、ここでA君はよく考えてみます。

「待てよ……。その直前の一九九回目に、ぼくがさっさと『イエス』って言えば、ぼくは一〇〇ドルもらえるんだ。二〇〇回目まで進むよりも、一ドル多くなるじゃないか」

これはグッドアイデアです。つまり、もしゲームが一九九回目まで続いてきたとしたら、A君はそこで必ず「イエス」と言うべきなんですよ。わかりますか？　図を見たら簡単ですよ。

しかししかし……とB君はもっとよく考えてみました。

「Aのヤツが一九九回目に終わるつもりだとしたら……そうだ、ぼくはその前の一九八回目に終わらせれば、一ドル多く取れるぞ！」

そのとおり。B君は一九八回目に「イエス」なら、一〇一ドルもらえます。次の一九九回目に得るはずの賞金一〇〇ドルよりも、そのほうが有利なんです。つまり、もしもゲームが一九八回目まで続いたとしたら、B君はここで必ず「イエス」と言うべきなんです。

……というわけで、逆向きにどんどん推論していくと、二人はまさに果てしない泥仕合へとおちいっていきます。よくわからない方は、図をたどりなおしてくださいね。すぐに理解できるはずですから。

これは、きわめて人間的な〝**合理性**〟ゆえに、彼らは不幸な推論をはてしなく続けるというゲームなんです。二人はどこまで賞金額を下げていくんでしょうね？

ムカデの足をどんどんたどって、この悪魔的な連鎖をぜひ考え続けてみてください。そして――

【ムカデのゲームにおける結論】

第一回目にA君は「イエス」と言わざるをえなくなります。ここでゲームは終了です。賞金は――ヤレヤレ、二人とも一ドルずつしかもらえない！

2 ゲーム理論が解く不幸せの法則

アダムとイブに始まった

パズルのようなゲームにすぎませんでしたが、ムカデのゲームはごくごく明快なルールに従ったゲーム理論的な状況を、ある意味でよく表現しているのです。こんなふうに、ゲーム型のヨコ社会というのは、明快かつ一見きわめて双方にとって有利なルールに従っていても、突然、不幸せにおちいることがある社会なんです。

思い起こすまでもなく、アダムとイブの昔から、人類はやっかいな宿命を背負ってきました。知恵の木の実を食べてしまったのが、ぼくたちの不幸の始まりです。

現代的な社会は、さしずめ「知恵の社会」だということになるんでしょう。ところが、人間は一人では生きられないし、そこに生じる不幸せは**「二人以上の社会」**で発生しているということなんです。

アダムとイブも当然、二人組の夫婦だったわけです。イブに出会ったときに、アダムは言ったでしょう。

"Madam, I'm Adam."（英語の回文。後ろから読んでも同じです）

彼らの原罪は、この時点以後、二人以上の社会において生じるようになりました。なにしろ、美しいイブがやってくると、ぼくたちは、だれしもつい罪を犯してしまいがちですしね。

そうそう、アダムの言葉に対して、イブは何と答えたでしょう？　このクイズわかりますか。正解は、

"Eve."（やはり後ろから読んでも同じですね）

「二人以上」というのは、ゲーム理論が通常扱うゲームの対象ですが、さらに一つ雑談をさしはさむと、戒能通孝さんの『法廷技術』（日本評論社刊）に、次のようなお話があります。この本は絶版なので、野崎昭弘さんの『詭弁論理学』（中公新書）から孫引きさせていただきます。

例1・2 知恵の実を食べると

イギリスの偉大な法律家で、のちに王室裁判所長になったクールリッジにも、素人の証人にしてやられた経験がある。彼は、規則を守らないからと退学になった少女のために、学校側を名誉毀損で訴えた。

クールリッジは、学校側の証人ケネディ夫人に、退学させられた少女のどこが悪かったのか、とつめよった。するとケネディ夫人は、少女が「イチゴを食べた」という例を挙げた。

「へえ、イチゴを食べたのですか。どうしてそれが悪いのですか」

「禁じられておりました」

「しかし、イチゴを食べると、どんなやっかいなことが起こるのですか」

「どうか、リンゴを食べると、どんなやっかいなことが起こるか、きいてくださいませ。ごぞんじのとおり、やっかいなことが起こっております」

法廷の全員が爆笑し、クールリッジさえ、椅子にひっくり返って笑ったそうである。

ゲーム理論でみるケネディ大統領の決断

さて本論に戻って、この逸話のケネディ夫人とはもちろん無関係ですが、かつてアメリカのケネディ大統領が遭遇した、絶体絶命の危機を例として、ゲーム理論で分析してみましょう。いったん実話に適用してみると、現代社会におけるゲーム状況というのは、かなり恐ろしい不幸を抱えているんだ、ということをおわかりいただけるでしょう。

例1・3　恐ろしいキューバ危機

一九六二年、米ソは東西冷戦のまっただなかにありました。アメリカの喉元にある共産国キューバに対して、アメリカ側は封じ込め政策をどんどん進めていました。

これに対して、キューバ側も態度を硬化させます。そして、キューバとの関係をますます深めていたソ連は、やがて核ミサイルをひそかにキューバへと運び込みます……。西半球での冷戦は、一気に頂点に達しました。

一九六二年十月、キューバにミサイルが設置されているのを、アメリカは発見します。ケネディ大統領は決断し、キューバを海上封鎖することを通告しました。そして、ただちにミサイルを撤去するよう、ソ連に要求しました。

しかし、ソ連のフルシチョフ首相はこの要求を断固拒否、それでもアメリカ側は海上封鎖を強行したため、米ソはまさに一触即発の状態となり、世界を核戦争ぎりぎりの恐怖におとしいれました。

幸い、第三次世界大戦は起こりませんでした。しかし、ケネディ大統領の一大決断は、はたして正しかったのでしょうか？

実は、**ゲーム理論の考えに従えば、海上封鎖を宣言した時点で、ケネディの勝ちだったと判定されるの**です。その基本は、「得点によって決定する」という考え方です。ムカデのゲームは金額で判定しましたが、それと同じような考え方だとご理解ください。

整理して並べてみますと、このキューバ危機は次のような経過をたどったわけです。

1　ソ連……ミサイルを搬入
2　アメリカ……海上封鎖を通告
3　ソ連……(a)撤退する？　(b)核戦争？

この場合、次の手番はソ連が打たなければなりません。そして直前に、アメリカは非常に強い一手を打ってきたので、ソ連としては、(a)撤退する、のどなければ、(b)核戦争を受けて立つ、という手しかないという瀬戸際に立たされたのです。

非常に簡単にしたモデルですが、実際に核戦争に突入するおそれは1分にありました。ケネディはそれを否定せず、むしろそれが大きな「脅し」の効果をも発揮したのです。

ソ連としては、(b)の核戦争を選ぶと、アメリカに大きな損害を与えることができますが、自国の損害も甚大です。たとえばマイナス一〇〇点の損害ということです。一方、撤退すれば、アメリカはプラス、ソ連はマイナスです。しかし、核戦争に比べれば、失点はせいぜいマイナス二点というところでしょうか。

ソ連の失点……(a)の場合マイナス二点　(b)の場合マイナス一〇〇点

この種のゲームでは、**結果は常に得点によって決定**されます。ソ連の失点をこう読めば、フルシチョフが(a)を選ぶだろうことは、明らかになるわけです。

ケネディが次にすべきことは、ソ連が(a)を選んだときに、ソ連側の失点を緩和するような「譲歩」を用意してやることでした。そうしてやれば、ソ連側は(a)の手を選びやすくなります。

結局、ケネディは、アメリカがキューバへ侵攻しない、トルコにあったアメリカ側のミサイルも撤去する、などの譲歩を提示し、キューバ危機をみごとに乗り切ったのです。

ただし、フルシチョフのほうは……この事件の結果、キューバへの信用を失ってしまい、やがて失脚する遠因にもなっていったのですが。

理性を信頼するゲーム理論

ほんとうのところ、世の中で使われているゲーム理論は、こういう局面で〝威力〟を発揮しています。したがって、**「ゲーム理論は武器だ」**というのが一つのまぎれもない正体なんです。

ただ、道具というのは使いようによるわけです。これを未来社会を読み解く道具に使って、みなさんに楽しんでいただいたり、平和的な世界観を築くにはどうすればよいか、を考えるためのヒントにしていただくことも可能です。

もともとゲーム理論という科学は、ハンガリー出身の数学者、ジョン・フォン・ノイマンによって創始されました。第3章で出てくる「ゲーム理論の基本定理」は、ノイマンが二十五歳のときに証明したものなのです。やがて彼は、経済学者のオスカー・モルゲンシュテルンと共著で、『ゲームの理論と経済行動』（一九四四年）という大著を公刊し、この体系の基礎を築きました。

また、一九九四年のノーベル経済学賞は、ゲーム理論分野のジョン・F・ナッシユ、ラインハルト・ゼルテン、ジョン・C・ハルサニに贈られました。この分野は近年、ますます学問的重要性を増しているのです。

ゲームというのは、碁や将棋や、対戦型スポーツや、テレビゲームなどだけでなく、ビジネスゲームや、国際政治や、戦争や、生物の生存競争や、男女の恋愛なども含めて、広い意味で考えられています。ますます重要な科学になってきて、近年はある種のブーム的な状況にもなっています。

ただ、ゲーム理論は、**「理性」のみに頼っているがゆえに、かえって恐ろしい**ということもできます。現代社会には、さまざまな矛盾や不幸が生じます。最も不幸な場合には、理性によって人類が滅びかねないということだってありえます。

ケネディ大統領も、キューバ危機に臨んで、「実際に核戦争に突入するおそれがあった」と率直に認めていました。彼はゲーム理論が教えるところと同じく、理性によって判断し、ソ連は撤退すると読んでいました。しかし、完全に自信があったわけではなかったのです。

もし未来の人類史のなかで、キューバ危機と似たような状況が一〇〇回起こったとしたら、その一〇〇回とも全部において、人類は常に理性によって核戦争を避けうるのでしょうか？　はたして一回でもしくじれば……と考えると、背筋が寒くなってきます。なにしろ、人間の理性というのは、先ほどの「ムカデのゲーム」で見たように、とんでもない不幸せな結末を導いてしまうことがあるのですから。

全員百両損の定理

3 事態を際限なく悪化させるな！

その不幸せをよく味わい、心に刻んでいただくために、ムカデのゲームを少しだけ変形して、もう一度楽しんで（いや、苦しんで?）いただきましょう。

例1・4　ムカデのゲーム——懲役編

図2をごらんください。今度は、A君とB君とは、報酬を得るのではありません。罰を受けるのです。また、ここでも彼らは、互いに協力しあわないと仮定します。

最後の二〇〇回目まで到達すれば、二人は懲役一年ずつですみます。しかし、一回目でA君が「イエス」と言えば、二人の懲役は、それぞれなんと一〇一年ずつです！

さて、二人の刑は、何年ずつになるんでしょうね？

図2 「ムカデのゲーム」はホントに恐ろしい！

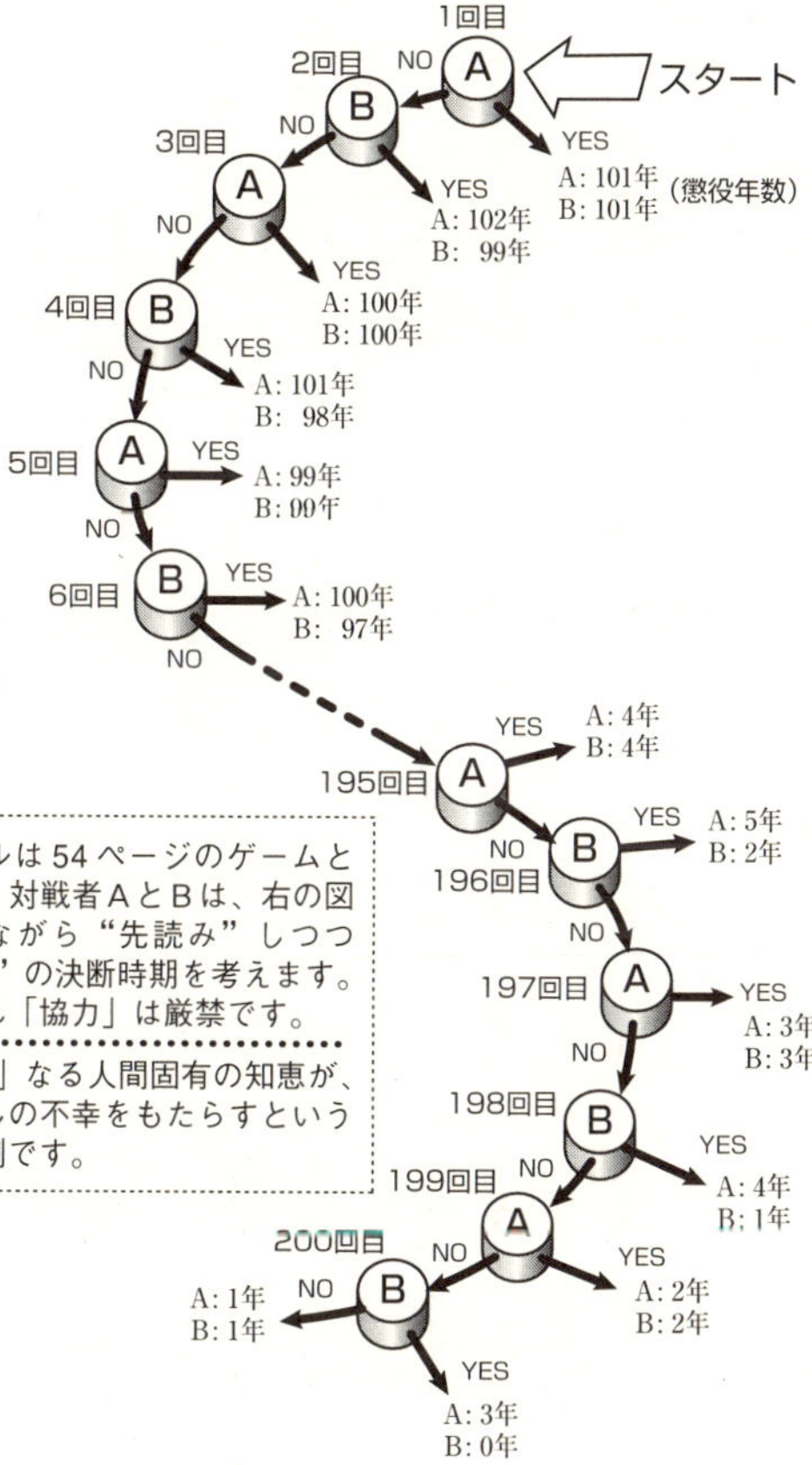

- ルールは54ページのゲームと同じ。対戦者AとBは、右の図を見ながら“先読み”しつつ“YES”の決断時期を考えます。
- むろん「協力」は厳禁です。

- 「理性」なる人間固有の知恵が、底なしの不幸をもたらすという悲喜劇です。

解答するには、二〇〇回目から逆向きに推論してみてください。もし先ほどチンプンカンだった方がいたとしても、今度はわかっていただけるのではないでしょうか。

図の最終回、すなわち二〇〇回目までゲームが続いたとして、B君の決断を考えてみましょう。B君は「イエス」と言うべきか、「ノー」と言うべきでしょうか? B君が「イエス」と言えば、彼は幸運にも懲役はなし（〇年）、B君が「ノー」と言えば懲役一年です。これなら、B君の決断は、はっきりと決めることができ、彼は「イエス」と言うはずですね。

では、A君はどうでしょうか。この二〇〇回目の決断をB君にまかせますと、A君は懲役三年ということになります。しかし、ここでA君がよく考えてみますと――その直前の一九九回目に、彼がさっさと「イエス」にすれば、彼は懲役二年ですんで、一年少なくなります。すなわち、もしゲームが一九九回目まで続いてきたら、A君は、そこで必ず「イエス」と言うべきなんです。

しかししかし……と推論はまた進んでいきます。一九九回目で終わられてしまうと、B君は懲役二年です。その一つ前、一九八回目にB君が「イエス」にしておくと、彼は懲役一年ですみます。そのほうが有利ですよね。

こんなわけで、逆向きにどんどん推論していきますと、二人はまたまた泥仕合へとおちいっていくはずです。さらに続けてみていただくとわかりますが、結局、第一回目にゲームを終えざるをえなくなり、二人の懲役刑は一〇一年ずつ！　寿命のあるうちに刑務所を出所するなんて、絶望的に思えてきます。

かくして、ゲーム理論というのは、不幸せを生み出す科学としての資格も十分でしょう。A君とB君は、定められたルールどおりにゲームを戦って、二人ともそろって大損をすることになるかもしれないのですから。

このゲームは、自立した各人が、理性と自由意志を存分に発揮できるような、現代社会での現象をモデル化しているはずなんですが、**とんでもない結末**に導かれていきます。

なかなか大事な結果ですから、ちょっと気どって、これを「第一定理」としてまとめておきましょう。

第一定理（全員百両損の定理）
現代社会では、全員が理性的に判断したにもかかわらず、予想もしな

い大損が、その全員にふりかかることがある。

だれも悪意をもっていなくても、また全員が最善を尽くしているつもりでも、現代社会ではとんでもないことが起こりかねません。現代社会が競争社会としての特性をもっているために、そこにはこんな病的な現象も潜んでいるんですね。

レスター・サローという経済学者は、かつて『ゼロ・サム社会』（TBSブリタニカ刊）という本を書きました。**「ゼロ・サム」**というのは、「合計がゼロ」という意味のゲーム理論の用語です。つまり、「だれかが儲ければ、だれかが損をする」という社会の到来を告げた本でした。

ただ、理論的にも現実的にも、現代社会はとても厳しい場所です。ムカデのゲームのように、「だれも儲からなくて、全員が損をする」という状況も発生するのです。だから、サローさんの考えではまだ甘すぎて、それではゲーム理論型の社会を完全に理解したことにならないということですね。

おわかりいただけるでしょうか。もしこの第一定理を理解していただいたら、ムカデのゲームのように、「ただ自分の利益だけを求めても、この社会で幸福になれるわけでない」という〝普遍の真理〟の深層に一歩近づいたことになりますよ。

ガソリンの値下げ競争

たしかに、全面核戦争が勃発すれば、世界中の人たちが大損をこうむります（いや、大損どころでなくって、命あってのモノダネです！）。そこまで極端なケースは別としても、次のような例は十分ありうるでしょう。

例1・5　ガソリンの値下げ競争

国道沿いに並んだ二軒のガソリンスタンド——。ある日、その一軒が突然、ガソリン価格を値下げしました。そうやって、顧客を増やしたほうが得策だ、と考えたからです。

並んでいるライバルのガソリンスタンドは、それを知って驚きました。急きょ、対策を決定し、

「ようし、うちはもっと安くしてやろう。お客を全部取られるよりは、そのほうがずっとましだ」

すると相手方は、

「たいへんだ、もっと安くしなければ。薄利多売こそ、この業界で生きのびる道

だ」

とばかり、さらに値下げすることに決めました。

こうなったらもう泥沼です。

「ええい、持ってけドロボー。どっちかがぶっつぶれるまで、値下げ戦争だ！」

よくあるできごとにすぎないんですが、いうまでもなく、この二軒の競争相手たちは、ムカデのゲームそっくりに、果てしないつぶしあいを始めます。そして結果的に、ともに大損失を抱えてしまうわけです。消費者にとってはありがたいかぎりですが、当人たちにとっては大悲劇です。

このように、全員百両損の定理というのは、ジョークでもなんでもなくって、日常的に営まれているような、ごくありふれたビジネスゲームにも適用されます。

また、ゲーミングといって、外交やビジネスや恋愛や軍事行動などを、模擬参加者たちの机上シミュレーションとして研究する分野があります。ゲーミングの過程では、想像もつかない逸脱的行動をとる人物が現れたり、破滅的な結果を生むことがある、といった報告が、研究者たちによってしばしばなされています。

つまり、人間たちはしばしば、ムカデのゲームのような状態に、ズルズルと引きずりこまれてしまうんですね。いつも損ばかりしているあなた、こんな失敗をした経験はありませんか？

コンピュータが演じる〝不幸せのゲーム〟

さて、ルールを厳密に解釈して、論理を徹底的につきつめていく、という発想法は、コンピュータ思考独特のものでもあります。

人間は、よほど特殊な状況下でなければ、ムカデのゲームのような変テコな発想はしないことでしょう。しかし、もしコンピュータを相手にゲームを挑めば、似たようなことがしょっちゅう起こるのかもしれません。

コンピュータもだんだんゲームに強くなって、詰め将棋など、人間の名人よりいい手を考えだすようになってきました。チェスでは、世界チャンピオンと戦って、ある状況では勝ったというニュースが流れたりしています（一九九四年の状況です。その後、一九九七年にIBMのスーパーコンピュータ「ディープ・ブルー」が、世界チャンピオンであるガルリ・カスパロフを破りました。そして二〇〇三年には、二万円程度のパソコン用ソフト「ディープ・ジュニア」でさえカスパロフと引き分けました！）。

考えてみれば、現代はもはや、常にコンピュータと共生しているようなネットワーク社会です。経済も遊びも、コンピュータとの共生下でおこなわれます。

つまり、ここで述べている「不幸せのゲーム」は、ひょっとすると、コンピュータとの悲惨なゲームの序曲かも……と想像できないわけではありません。

というのは、コンピュータという機械は、規則どおりに考えるのがとても得意だからです。しかもきわめて高速に計算します。ムカデのゲーム程度の問題だったら、それこそ瞬時！「え、一ドルなの？」という一瞬の判断で、最悪の結論に到達してしまいます。

コンピュータたち、困ったことにも、プログラムどおりにしか動けません。まったく融通が利かないんです。最適推論、最適推論、最適推論……という系列をたどって、最悪の結論を導き出し、それを疑うことをいっさいしません。

ムカデのゲームの推論って、いかにもコンピュータ的だと思いませんか？

だから、世界をおおう巨大な情報通信ネットワークのなかで、やがて人間をほっぽらかしたまま、コンピュータたちがどんどん〝滅びのゲーム〟に突き進んでいくおそれを否定できないではありません。未来世界の悲劇です。ただ、いまのところは、ＳＦの話だということにしておきますが。

「ジャンケン・キス」ゲームの誘惑

さて、ちょっと軟らかめの算数クイズもご紹介しておきましょう。

合コン（男女の合同コンパのことですよ）が盛り上がる「ジャンケン・キス」ゲームというのがあります。ルールは簡単、ジャンケンでいちばん勝った人と、いちばん負けた人が、キスしあわなければならないという（ちょっと下品な）ゲームです。

例1・6 「ジャンケン・キス」ゲーム

オノダ君には、キスしたいあこがれの彼女がいます。

ところが、ジャンケン・キスをやってみても、どうもいつも思いどおりになりません。

今夜の合コンのメンバーは、男一〇人と女一〇人。

オノダ君、自分がさっさといちばん負けたから、うんと楽しみにしてたというのに、なんと相手はヒゲづらのナガサワ！

ヤレヤレ、この間も男だったんだよなァ……。

ジャンケンのように、勝敗が確率に支配されるゲームも、やはりゲーム理論の対象です。このジャンケン・キスの場合、先読みできるかどうかとはまったく無関係ですね。

しかしそんな場合にも、しばしば不幸な結末がおとずれます。そして、人間はこういうギャンブルにのめり込む傾向があります。本格的なお話は、第3章と第4章でしますが、このジャンケン・キスはもっとずっと簡単な例題ですね。

男一〇人と女一〇人が参加した場合、計二〇人いますから、オノダ君が最後の二人に残れる確率は一〇分の一ですよね。

で、そのときに、オノダ君のキスの相手に、あこがれの彼女がなってくれる確率は、一九人から一人が選ばれるのだから、たった一九分の一。なのに、ひどいことに、彼の相手がむくつけき男になる確率は、男は彼以外に九人いるのだから、一九分の九。この確率が九倍も大きいのです！

しかも、あこがれの彼女とキスできる確率は、$\frac{1}{10}\times\frac{1}{19}$だから、ほんの一九〇分の一、つまり一九〇回に一回にすぎないのです。

そして、考えたくもないことですが、彼女が他の男とキスさせられる確率を計算しますと——いまわしいことに一九〇分の九。悲惨な結末が、幸運よりも九倍も多

く待ち受けています……。

この種の確率ゲームには、不幸が待っています。賢明な読者は、こんなゲームに、あこがれの彼女を引きずり込むことなど、断じてやめましょうね。

ただ、ギャンブルには麻薬的な作用があります。勝てる確率はごく小さくとも、その報酬が十分に大きければ、人間はフラフラと迷い込んでいきます。

宝クジで一等をとれる確率は、きわめて小さいです。しかし一億円が手に入るとなれば、お金をつぎ込んでみようかということになります。数百円の投資ですむなら、これは楽しみの範囲。未来の幸運を待つ楽しみを、数百円で買ったと思えばいいでしょう。

ただ、そういう考え方の先には、不幸のブラックホールが待ち受けているおそれがありますよ。競馬や競輪で、抜けられないブラックホール状態におちいりますと、やがて消費者金融で借金、会社の金を着服……そのまま人生の坂道を転げ落ちる人が出ます。まるで、ムカデのゲームの結末のように！

第2章

「勝者の不幸」でツキを呼べ！

1 絶対に勝つ方法を探そう

「毒薬ゲーム」で生き残る法

さて、ボンド氏はジョーズ氏と対決することになりました。悪の帝王スペクター団のボス、ブロフェルド氏（この名前はマニアしか知らないでしょう）が定めたルールは次のとおりです。

例2・1　ボンド氏とジョーズ氏の対決

●ルール

毒薬のカプセルがひと山、山盛りにしてあります。その山から、二人が交互に、一個または二個のカプセルを取り除いては捨てていきます。

そして、最後に一個残ったカプセルを取った者が――それを飲むのです。

ブロフェルド氏は、グラスに一杯の水を用意して、ゲームの開始を宣言しましました。

た。異常なまでに大男のジョーズ氏は、気持ちの悪い大口を開いて、ニタリと笑いました。

「ま、待ってくれ、ブロフェルド」

ボンド氏はあわてたように、ひざを浮かせました。

「なんだね、ボンド君？」

「ゲームを始める前に……ちょっと、カプセルの個数を数えさせてくれたまえ」

「よかろう」と、ブロフェルド氏はおもむろにうなずきました。

ボンド氏がおそるおそる数えてみると、カプセルはちょうど一〇〇個ありました。彼はその個数をしっかりと頭に刻みこみました。

「できることなら、私は後手を選びたいんだが……」

「ならぬ！」

ブロフェルド氏は、ボンド氏の願いをピシャリとはねつけました。ボンド氏のこめかみからは脂汗が一筋、タラリ……。

カプセルの個数を数えながら、ボンド氏の頭脳はスーパーコンピュータのように激しく計算をくり返していました。

もし最初に用意されたカプセルの個数が一個だったら……ボンド氏が一個取れ

ば、先手の勝ちです。また、最初三個だったとしても、二個取れば、やはり先手の勝ちです。

じゃ、四個のときは……。一個取ったら、後手は二個取り、先手の負け。二個取っても、後手は一個取って……、これはどうやっても先手の負けだゾ。

腕利き情報部員でない読者のみなさんは、このスーパー思考に、簡単にはついていけないでしょう。だから、図3を参照してください。最初のカプセルの個数が、二個または三個なら先手の勝ち、四個なら先手の負けなんです。

ボンド氏はさらに、スーパー思考をひらめかせました（これも図を参照して考えてください）。

では、五個のとき……。一個取れば、あとは四個のときと同じ問題になって、先手と後手が入れかわったことになります。つまり、先手の勝ちです。

六個のとき……。二個取れば、四個の局面になりますから、これも先手の勝ち。

しかし、七個のときは……。こちらが一個取れば、後手は二個取り……、こちらが二個取れば、後手は一個取ります。——ああ、残りが四個になれば、オレは必ず負けるんだ！

そこで——

図3　「毒薬ゲーム」で生き残るために

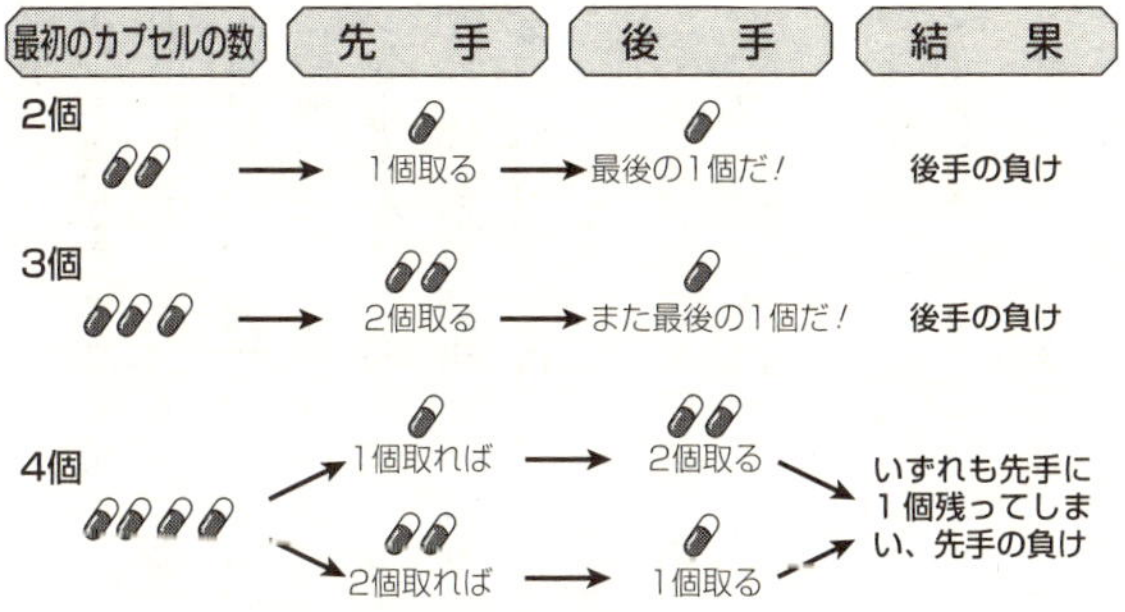

ここでわかること：残りが４個になったとき、次の手番は必ず負けになります（毎回、１個か２個しか取れないから）

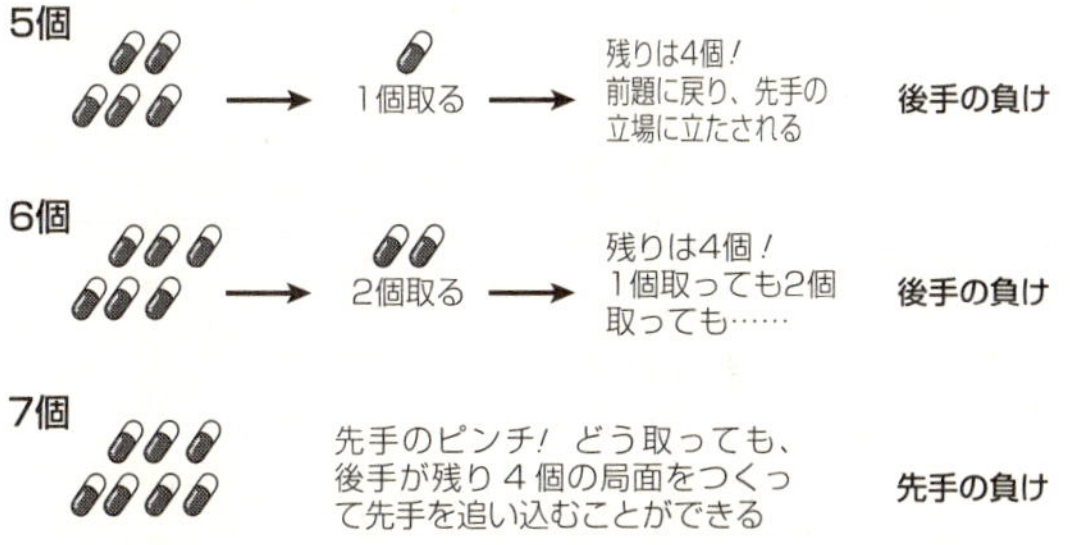

結論：最初のカプセルの個数が、３で割って１個あまるとき、先手は必ず負けます。後手はつねに、残りのカプセルを３の倍数プラス１個にしておけるからです。それ以外のとき、つまり最初のカプセル数が、３の倍数もしくはプラス２個のときは、先手は必ず勝ちます！

●ボンド氏が考えた結論

①「カプセルの個数が、三で割って一余るとき、先手は必ず負ける」

なぜなら、先手が一個取れば、後手は二個取ればいいんです。また、先手が二個取れば、後手は一個取ればいいんです。こうやって後手は、常に残りのカプセル数を、三の倍数プラス一にしておけます。やがて先手は、残り四個の局面にまで追い込まれるはずです。

②「それ以外のときは、先手が必ず勝てる」

なぜなら、カプセルの個数が三の倍数のときは、先手が二個取れば、後手は三の倍数プラス一にされるので、負けます。また、カプセルの個数が三の倍数プラス二のときは、先手が一個取れば、同じく後手は負け局面になります。

で、いまのカプセル数はちょうど一〇〇個――。これは三で割って一余るから、先手必敗、後手必勝パターンです。

「……いいだろう。始めようか」

ボンド氏は、蝶ネクタイの首筋を指先で少しゆるめると、生ツバを飲みこみながら答えました。

「待ちたまえ、ボンド君。その左手を開いてもらおうか」

ブロフェルド氏は、けっして見のがしませんでした。しぶしぶ開いたボンド氏の左手には、ひそかにかすめ取ったカプセルが一個、そっと握られていたからです。

「イギリス紳士はフェアにプレイしてくれたまえ」

「これは……私の第一手目だったのさ」

ボンド氏は苦笑いを返しながら、すでにゲームがスタートしていることを確認しました。

さて、息づまる次の一手、ジョーズ氏は、案の定、カプセルを二個取りました。

ボンド氏は、あきらめ顔で、ともかく二個取ってみました。

するとジョーズ氏は、なんのためらいもなく、また二個取りました……。

ボンド氏の目が輝きました。ひょっとしたら、オレは勝てるのかな。このジョーズの奴はバカ？　勝者の失敗が〝ツキ〟を呼ぶ瞬間です。

ボンド氏は、そこからはおおいに自信をもってゲームに臨みはじめました……。

で、ゲームの結末はどうなったんでしょうか？　実は、美人スパイの連絡で、ＩＣＰＯ（国際刑事警察機構）が突撃してきたものですから、このゲーム、残念ながらオアズケとなりましたとさ。

チェスに必勝法はあるか？

もう少しマジメなお話にしますと、一九一二年、ドイツの数学者エルンスト・ツェルメロは考えていました。

「チェスに必勝法は存在するか？」

そんなバカな！と多くの読者は思われるかもしれませんが、偉大な学者というのは、時にとんでもないことを考えるものです。もしチェスに必勝法が存在して、それを完全に覚え込んでしまえば、だれでも世界チャンピオンになれるはずです。

「では、必勝法を知っている者どうしが対戦すれば……？」

常人ならば、ここで論理矛盾が出たとして、必勝法を考えるのをあきらめるかもしれません。しかし、ツェルメロは、チェスに必勝法が存在することを、数学的に厳密に証明してみせたのです。

例2・2　チェスの必勝法とは？

●ツェルメロの必勝定理

ゼロ和二人ゲームが、完全情報で、かつ有限手番で終了するとき、プレイヤーのどちらかに必勝法が存在するか、あるいは引き分けにすることができる。

なんだか用語がむずかしいですね。やさしくかみくだきますので、気にしなくって結構です。

「ゼロ和」というのは、すでに出てきた「ゼロサム」のこと。だれかの利益は、だれかの損失でちょうど相殺されるということですね。

「完全情報」というのは、トランプゲームのように持ち札を隠したりしないで、すべて持ち駒を見せているという意味です。

そういうゲームが、「有限回数」の手番で終わるんだったら、理論的には、「勝負を始める前に、すでに勝敗を決することができる」というのがこの定理です。

だから、たとえ必勝法を知っている者どうしが対戦しても、そのゲームが先手必勝か後手必勝かというだけであって、プレイする前に勝ち負けを決められるんです。

チェスでは、同じ駒の配置が三回繰り返されたときとか、五〇手の間に、駒が減少しなかったり、ポーンが動かなかったとき、引き分けになるので、ゲームが無限に続くことはありません。囲碁、将棋や、オセロなどでも、ルールは似たようなものなので、ツェルメロの定理でカバーされてしまいます。

つまり、必勝法を見つけて、それを完全に覚えてしまいさえすれば、この種のゲームでは、だれでも名人になれるはずなんです！

実は、ツェルメロの定理は、かなり簡単に証明できます。興味のある方は、巻末の参考図書から探してください（私の『ゲーム理論トレーニング』にも略証がありま す）。ただ、この定理自体があまり実用的でないので、ここでは証明を省略します。むしろ、必勝法としては、次のような英語の言いまわしなどが、ぼくたちにはより親しみ深いでしょう。

"Head I win, tail you lose!"（表ならぼくの勝ち、裏ならきみの負け！）

もちろん、こんなゴリ押し（わかりました？）が通ることはめったにありません。コイン投げでこのインチキを利用したいなら、一瞬の呼吸に頼ってくださいね。

さて、コンピュータがチェスの世界チャンピオンを破る時代がきても、実はまだツェルメロの定理を適用できるほど、コンピュータの計算能力は進歩していません。はるかに遠いです。それほど必勝法をきちんと見つけることはむずかしいんです。たとえコンピュータが人間に勝ったとしても、それは必勝法を知らない相手どうしの戦いというわけです。

ただ、本書のオリジナルバージョンを書いている途中で、6×6の盤面での「オセロゲーム」で、必勝法が見つかり、「後手必勝！」だというニュースが流れました。イギリスのジョエル・ファインスタインさんが一九九三年に発見しました。

彼自身が、イギリスでオセロのチャンピオン経験者でした。そして、二週間がかりでコンピュータで計算して、先手がいくらがんばっても一六しか取れず、後手が二〇取れる戦法があることを示しました。

しかしながら、8×8の盤面のオセロとなると、その計算に、当時のコンピュータで三兆年以上（！）かかるとしました。さらにチェスだったら、もっとはるかに大量の計算が必要です。ぼくたちが生きているうちに、そんな必勝法を手に入れられるわけではなさそうです。

つまり、ぼくたちのような凡人が、チェスの世界チャンピオンになどなれっこないということ。これを第二定理として掲げておきましょうか。

第二定理（世の中は甘くない定理）
ゲーム社会で、必勝法が存在したとしても、それをぼくたちが使えるわけではない。

未来のある日の対局。第一手目を指さないうちに、どちらかが……。

「すみません、負けました」

これで勝負がつくような日がきたのでは、やはりつまらないですよね。ですから、必勝法がわからないからこそ、楽しくゲームをプレイできるんだとお考えください。なんでもコンピュータでわかってしまう世の中なんて、かえって不幸せですし。

2 強いけど不幸せなミニマックス戦略

ジャンケンは「ゼロ和ゲーム」です

さて、ゲーム社会における大事なお話をするために、しばらくの間、オーソドックスにゲーム理論のいくつかの話題をご紹介したいと思います。すでにその紹介を始めているのですが、当面、ノイマンの基本定理までお話しすると、ご興味を増していただけるでしょう。

けっしてむずかしい内容ではありませんので、ご安心のうえお付き合いください。次の章で、その悲惨な（？）結末なるものをお目にかけますから。

ゲーム理論でよく使われる表現法があります。ゲームを矩形《くけい》の表として書く方法です。

二人でやるジャンケンを考えてみましょう。ごく簡単なお話ですし、表で書く方法に慣れていただくためだけです。

勝ったら一点、負けたらマイナス一点、あいこのときは〇点とします。ジャンケ

表1　ジャンケンを勝敗の表で書くと……

		B君		
		グー	チョキ	パー
A君	グー	0	1	−1
	チョキ	−1	0	1
	パー	1	−1	0

ンでは、一方の得点は、他方の失点となります。だから、これはゼロ和ゲームだということをご理解いただけるでしょう。

例2・3　ゲームを表で書いてみよう

A君とB君とがジャンケンをしたとして、その勝負は、表1のように書くことができますね。

この表は、A君の出す手を左側に置き、B君の出す手を上側に書いています。表の数字は、A君から見たときの得点、失点です。B君から見たときには、この表の数字すべての正負を逆にすればよいのです。

表の見方には、疑問がないでしょう。たとえば、A君がグーを出し、B君がチョキを出せば、この表には1と書いてありますから、A君の勝ちで、一点獲得と

表2　「おいしいジャンケン」の得点表

		B君		
		グー	チョキ	パー
A君	グー	0	3	−7
	チョキ	−3	0	6
	パー	7	−6	0

いうわけです。

それでは、練習のために、例題をもう一つ。

例2・4　おいしいジャンケン

ジャンケンで勝ったとき、グーなら「グリコ」の三文字で三点獲得、チョキなら「チョコレート」で六点獲得、パーなら「パイナップリン」で七点獲得としましょう。この「おいしいジャンケン」をあらわしたのが表2ですよ。

表の書き方や、その読み方をおわかりいただけたでしょうか。知らないとわけのわからない表ですが、わかってしまえば、ごく簡単でしょう。

なお、このように矩形であらわしたゲームのことを、「矩形ゲーム」とか、「行列ゲーム」（マトリックスゲーム）といいますよ。

ゲームに臨む戦略って？

二人のジャンケンは、ゼロ和ゲームでした。すなわち、二人の勝ち負けが、互いに相殺されています。このようなゼロ和二人ゲームをおこなうとき、どのようにすれば、戦いを自分に有利に進められるのでしょうか？

ゲームに臨むときにもつ行動指針を、**「戦略」**とか**「ストラテジー」**といっているんです。要するに、ゲームに臨むに際しての、一貫した方針、ということです。

もちろん、ジャンケンの場合に、先ほどの表をながめただけでは、うまい戦略など出てきません。

ここでは、とりあえずのご説明のために、次のような架空のゲームを対象にしてみましょう。これは、戦略の説明のために、都合よくつくってあるゲームです。

例2・5　矩形ゲームの例

表3をごらんください。

さあ、あなたがA君だったとして、a1からa3までの手のうち、どの手を選べばよいでしょうか？

表3　このゲームでは、どのような戦略を選ぶべきか

		B君		
		b1	b2	b3
A君	a1	12	−1	−8
	a2	−7	−2	5
	a3	4	2	3

もしも、A君がa1という手を選び、B君がb1という手を選べば、A君の利得は一二で、B君の損失はマイナス一二です。A君としては、この手を選ぶというバクチを打ちたい気もしますが、ちょっとためらいもあるかもしれません。

戦略というのは、プレイヤーによって異なるものです。ある人は手堅く「本命ねらい」をし続けるでしょう。別の人は「大穴ねらい」専門ということもあるでしょうね。

この架空ゲームの場合も、人によって対戦のしかたが違ってくると思われます。しかし、なるべく有利に戦う方法を考えておくことが、ゲームでは必要なはずです。

たとえば、A君がa1という手を打ったとしてみましょう。表をよく見てくださいね。

ただ、B君のほうで、もしあらかじめA君の選ぶ手を予想できたとしたら、B君はきっとb3を打ってくるでしょう。そのときには、A君はマイナス八という大きな失点を受けてしまいます！

では、A君としては、その裏をかいて、a2という手はどうでしょうか。この手を打って、もしB君がb3を返してきたら、五点の得です。しかし、B君がまさかb1の手を打って、七点を奪うということはないでしょうか？

こういうわけで、A君の心は千々《ちぢ》に乱れることになります。

もし、A君が安全確実を旨とする主義のプレイヤーでしたら、どんな手を打つべきでしょうか。

その戦略というものを考えてみましょう。

彼はとりあえず、自分が打てるすべての手について、その手の危険度を調べてみることにするでしょう。つまり、A君がある手を打った場合に、彼にとって最も危険なB君の手を洗い出して、そのときの点数を計算してみるのです。それは次のようになります。

A君の手	もっとも危険なB君の手	そのときの点数
a1	b3	−8
a2	b1	−7
a3	b2	2

これを見ると、A君がもしa3という手を打てば、最悪でも二点のプラスになるということがわかりますね。さらに、もとの表3を見直すと、B君がヘタな手を打った場合にはさらによくて、三点か四点の得点を得られます。

ただ、おなじくB君も慎重主義のプレイヤーだったとしましょう。彼も自分のそれぞれの手について、最悪の場合の点数を計算してみます。

B君の手	もっとも危険なA君の手	そのときの点数
b1	a1	−12
b2	a3	−2
b3	a2	−5

彼がもしb1の手を打てば、一二点も失うおそれがあります。しかしb2を打ったと

きには、悪くても二点を失うだけなんです。また、もとの表3によれば、A君がヘタな手を打てば、一点か二点の得にまわる場合もあります。

ミニマックス戦略という安全策

おわかりでしょうか。「安全策」という観点から、ゲームをプレイする方法を考えてみたというわけです。

以上の結果、次のようになるはずですね。

A君——a3という手を打つのが安全（B君はb2で応戦するかもしれない）
B君——b2という手を打つのが安全（A君はa3で応戦するかもしれない）

これらの手は、堅実な両者にとっての、「最も手堅い一手」ということになっています。しかもお互いに、相手がその手を打った場合に、それに対抗する最もいやな一手にもなっていますよ。

こういう「戦略」で臨むのは、一二点を取れるようなバクチに比べて、かなり魅力の少ないものかもしれません。けれども、ゲーム理論では、**敵方のプレイヤーも**

常に「合理的」にふるまい、自分の得点を増やそうとしている、と仮定しています（ムカデのゲームなどの議論を思い出してくださいね）。

B君は合理的にふるまい、b2という手を打ってくるでしょう。たとえA君がa1の手を打ってても、一二点を取れることなどはなく、表3によれば、失点一ということになるんです。

このように、徹底して安全策をとる方針のことを、ゲーム理論では**「ミニマックス戦略」**といっています。最大（マックス）の損失を最小（ミニ）にするという意味です。両君ともに、各着手において、損失最大の場合を考えて、その値を最小にしようとしています。

また、見方を変えれば、相手はこちらの利益を最小（ミニ）にしてこようとしますが、そのもとでの利益の最大化（マックス）を図ると考えることもできます（この考え方をすると「マキシミン戦略」ともいいますが、両者を一括してミニマックス戦略と呼びます）。

実は、この「ミニマックス戦略」という考え方が、ゲームにおいて「最も有効な方針」であると考えられています。ゲーム理論を熟知しているプレイヤーは、必ずこの戦略で戦ってくるのです。

もしB君がミニマックス型のプレイヤーなら、A君は、どんなにあがいても、ミニマックス戦略をとるときより、少ない得点しか得られません。

それでもなおA君が、二点を取りたいと、しつこくこだわったとしましょう。それならa1という手を打ってみるしかないでしょう。しかし、B君は必ずb2の手で受けます（ミニマックス戦略でそう決めますから）。その結果、A君はやはりマイナス一点しか取れないんです。

「利益は最小にされる」という不幸せ

まだ話は途中の段階ですが、ゲーム理論における最も基本的な考え方が出てきました。「ああ、勝ちたい、勝ちたい」と考えてきて、いつもゲームに弱かったみなさんには、非常に参考になる考え方です。

ゲーム理論は、**「安全」**を重視します。もし損害が生じても、それを「最小」に保とうとします。ただ、その結果、たとえ勝った場合でも、利益はほんの少ししか得られないんです。それが、ゲーム理論という学問体系の根本的な考え方なのですから、なんとも始末に悪いですが、ちょっとした定理として述べておきましょう。

第三定理（勝者の不幸定理）
ゲーム社会では、勝者といえども、その利益は最小にされる。

この定理は、実はまだ〝証明〟の途中だといえます。後にもっともっと勝者にとって〝悲惨〟であることが判明してきます。ゲームというのは、勝とうとしてもなかなか勝てないし、大きな勝ちをねらうのは危険であると覚えておいてください。つまり、もしも勝者がこの種のミスをしたら、敗者にツキを呼びこむことが可能だということですね。

そして、ここで「勝者の不幸定理」と名づけましたように、ゲーム型の社会においては、勝者までが、かなりの程度に不幸せなのではないか、とご推測下さい。負けた側が不幸せなのは当然だとしても、勝った側もかなりの程度に不幸せです。「アタシはいつも負けるのよね」「ボクは負けてばっかりだ」などと思いこんでいたあなた、単に期待が大きすぎただけかもしれませんよ。

では、ちょっとブラック・ユーモア風に述べておきましょう。

■全員不幸仮説
未来のゲーム社会では、全員が不幸せである?

■それを補強する哲学的考察
さぁ、にっこりしろよ。明日よりは今日がましだ(?)。

■ヒバリ捕りの反論(英語のことわざ)
空が落ちてきたら、ヒバリでもつかまえるさ(If the sky fall, we shall catch larks.「杞憂《きゆう》」の意)。

■ボックラッジの法則（念のためです）
最後に笑う者は、たぶんジョークがわからなかった。

3 "不幸の法則"は世の中を"保守化"させる？

大負けするギャンブラー

よくギャンブルで大負けするタイプの人がいます。もし身近にそういう人がいたら、しっかり観察してみましょう。まさか、あなた自身が観察対象なのではありませんね？

ギャンブルでスッテンテンになるタイプの人は、「ミニマックス戦略」を理解していません。特に賭け金の配分がとても下手です。

そういう人は、大穴勝負に対して、決まって大きく賭けてきます。当たれば大きいかもしれませんが、その確率がきわめて小さな勝負です。

またそういう人は、負けがこみはじめると、賭け金をますますつり上げる傾向があります。いままでの損失を一挙に取り戻すつもりらしいですが、アッというまにドロ沼にはまって、元手をすっかりなくしてしまいます。

おわかりでしょうか。**ギャンブルに弱い人は、一般に「利益を最大にしようとす**

る気持ち」が強すぎるのです。

そうではなくって、「損失を最小にしよう」とするミニマックス戦略が、ゲーム理論の教える最善の方策です。ただ、その結果、大儲けする機会は非常に少なくなって、利益も小さくなってきますよ。

しかも——通常のギャンブルでは、主催者（胴元）側が何割かの利益をかっさらっていきます。たとえ本格的なミニマックス・ギャンブラーだったとしても、長い間の累計では、結局負けることになってしまいます。

M・C・フィクスの『ギャンブラーのバイブル』は、賭博の一〇カ条をあげています。せめてその第一条くらいはあげておきますので、これを守りましょう——。

「第一条　手持ちより多くを賭けてはならない」

古今東西、これさえ守らないギャンブラーが、ゴロゴロいたようです。だから恐ろしい規則がいろいろ生まれました。中世のウィーンには、次のような市法があったそうです。

「耳や鼻や指や腕を賭けてはならない」

わざわざ法律をつくらねばならないんですから、体の一部を賭けてしまうギャンブラーが山ほどいたんでしょうね。なかなか因果なものです。

りなます。

ミニマックス戦略は"ウマの鞍"

ともあれ、そういう悲しいギャンブル論は離れることにして、ミニマックス戦略を、模式図で描いてみましょう。そうすると、図4のようにウマの鞍に似た形になります。

図で、A君のほうは、点Aや点A′からOへというように、曲面のどこにいても、常に利得を最大化しようと働きかけてきます。一方、B君は点Bや点B′からOへというように、いつもA君の利得を最小化しようと働きかけてきます。

両者が対戦した場合には、結局落ち着く場所は、図のOという点になるでしょう。この点のことを鞍点《あんてん》と呼んでいます。ウマの鞍や自転車のサドルのような形なのです。

アインシュタインの一般相対性理論によれば、宇宙もこんなふうにゆがんだ形をしている（開いた宇宙の場合）、と聞いたことがありますが、これは案外、普遍的な形状なのでしょうか。宇宙の法則とゲーム理論とが、形のうえで一致しているのです。

その一致はまあ偶然としても、人間が知恵の動物だからこそ、ミニマックス戦略

図4　両者がともにミニマックス戦略で戦うと……

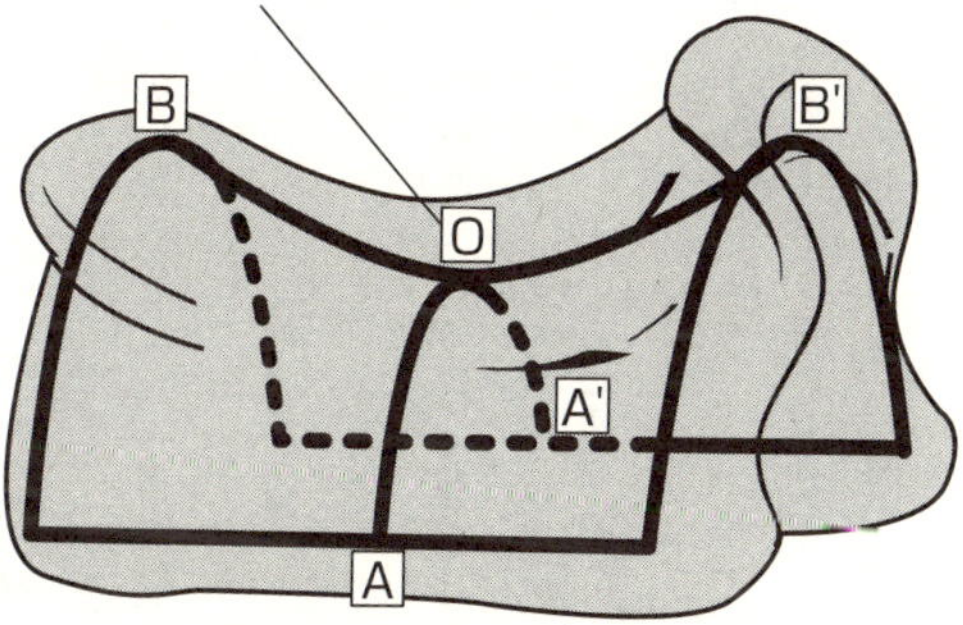

という、勝者にとっても忍耐のキワミのような対戦方針を採用することができるのでしょう。

前の章でムカデのゲームや、ガソリンの値下げ競争で見ましたが、実はこれらはゼロサム（総和ゼロ）のゲームではありません。もっと悲惨なゲームでした。いわば、イヌのケンカなどとかなり似かよった状況だったのです。

一方のイヌがうなれば、もう一方のイヌもうなり返します。吠えれば、また吠え返します。それが刺激になって、互いに歯をむき出し、ダッとばかりに飛びかかり、かみつき、かみ返し、上を下への大ゲンカ。闘争本能の命じるままに、悲惨なケンカがますますエスカレートしていく、という最悪ケースです。

これに比べれば、ミニマックス戦略というのは、紳士的で冷静で知的。まだ救いがあるというものです。つまり、「より幸せな戦略」だというわけですね。

ただ――みんながミニマックス戦略を使いはじめると、気分としては、「世の中は保守的になってきた」とみなすしかないのかもしれません。だれもが、最低限だけでも自分の利益を守ろうとして、世の中が硬直化しはじめるからです。

ゲーム理論的な社会における、ほんとうの〝究極の法則〟とは、ミニマックスというゲームの戦略によって、**「世の中が保守化する」**ことかもしれません。これにはよく気をつけておきたいものですね。そうでないと、全員不幸仮説が、やがて定理に格上げされてしまいかねません（？）。

堂々めぐりのゲーム

さて、実は先ほどの**例2・5**でやったのは、非常に都合のよい問題だったわけです。ふつうのゲームでこんなにうまくいくとはかぎりません。

次章に引きつぐために、ここでちょっと意地悪な（というか現実的な）例をつくってみましょう。表4をごらんください。

表4　「ミニマックス戦略」が通用しない（?）堂々めぐりのゲーム

		B君 b1	B君 b2
A君	a1	1	3
	a2	4	2

この表では、数字はみんなプラスになっているので、A君が常に利益を得ることは明らかですが、そんなことが問題なのではありません。

問題なのは、この矩形ゲームでは、いま述べてきたミニマックス戦略が、「うまく適用できないのではないか」ということです。ちょっと試してみましょう。表と対応をとりながら考えてくださいね。

●A君がa1という手を選ぶなら、
B君はb1という手を選ぶべきである
●B君がb1という手を選ぶなら、
A君はa2という手を選ぶべきである
●A君がa2という手を選ぶなら、
B君はb2という手を選ぶべきである
●B君がb2という手を選ぶなら、
A君はa1という手を選ぶべきである

こうやって調べていくと、なんだなんだ、一周して元へ戻ってくるではありませんか。わかりますか。つまり堂々めぐりなんです。

ほとんどの人は、ここでガッカリします。つまり、ミニマックス戦略というのは、それほど一般性のある方針ではない、と感じてしまうわけです。実際、数学者のボレルなどは、そう予想しました。

この予想をくつがえし、「ミニマックス戦略はいつでも使える」と証明してみせたのが、ゲーム理論の元祖、ジョン・フォン・ノイマンなんです。彼が二十五歳のとき――。ここが、ゲーム理論のそもそもの出発点となっています。

次章でいよいよ、凡人にはちょっと信じられないようなこの理論が、そのベールを脱ぐことになります。そして、本章をはるかにしのぐ〝大不幸〟もまた、その恐ろしい（？）姿を初めて現すんです。

第3章

間違っても勝てる「必勝法則」!

恋は誤解によって成り立つ?

おそらく、「ゲーム理論の基本定理」から導かれる帰結は、ぼくたちの恋愛などで日常的な現象なんだと思います。

ゲーム理論を創始したジョン・フォン・ノイマンは、この重要な定理を証明する際に、この章で述べるような読み替えをされるとは意図していなかったことでしょう。けれども、むしろ新たに読み替えることによって、ぼくたちはゲーム社会の思いがけない〝真実〟に到達することができるんです。

ただ、その〝真実〟というのが、**「ゲーム社会の真実を疑うべきである」**ということなんですから、いささか自己矛盾的な言説です。もちろん、これは比喩《ひゆ》的な表現であって、引用符のなかの〝真実〟性は、「ウソから出た〝魔事《まこと》〟」程度のもの。真実とは、もつれた糸の両端をやっと見つけても、そんなことじゃ解きほぐせない糸玉、のようなものなんですから。

たとえば、ある異性を好きになったとしてみましょう。だれでもそうなんですが、人間の常として、「アバタもエクボ」というように、「恋は誤解によって成り立つ」という要素があるものです。けっして、ありのままの相手を見ているわけではありません。

これが逆に、好きになられた場合なんかだと、とてもよくわかります。（きわめて稀《まれ》に）こちらが一目ボレされたときなんか、「え、ぼくって、そんなにステキな人間じゃないよ！」と、タジタジとなってしまったりします。まさに「恋は盲目」の実例なんでしょうか？

「口紅、変えたね。ぼくのため？」

「そうよ。キスしてくださる？」

こういう展開ならとても順調であって、彼女のなんだか不釣り合いなルージュを気にしながらも、こわごわプチュッ。……ところが、世の中はそううまく運びません。

「口紅、変えたね。ぼくのため？」

「今日はどうしたのよ、シコッてるわね。単に前のが終わっただけよ」

「あ……そうか。なんだか……その、あんまし似合わないからさ」

「どうせそうでしょうよ！」

というわけで、ぼくたちの横ッツラにはバシッと小気味よい音が響いたりします。

「二重的世界観」がゲーム社会の宿命

後者の会話が望ましくない展開となったのは、男女ともに正直すぎたからかもしれませんね。恋愛は「キツネとタヌキの化かしあい」なんだという信念に徹していれば、前者のシナリオに沿って進んだかもしれません。

例3・1 恋はカン違い？

もしあなたが男性だとして、さらにもし彼女がいるなら、あなたがその彼女を気に入っている理由を数えあげてみましょう。たとえば、

「だから……性格が可愛いんだよな。ドジをやっても許せちゃうんだ。おまけに、ぼくにはないような、感性ってもんをもってるしさ。それから、雨の日に傘をさしかけてくれたときのあの顔、なんだかすっごく可愛かったな」

この場合、あなたの彼女自身は、自分の欠点について、こう感じているかもし

れません──

「アタシって、性格は子どもっぽいし、いつもドジばかりやってるし、しかも話す内容は非論理的。ふだんのほとんどはブスっぽく見える……。彼、こんなアタシのどこがいいのかしら？」

「いいや、そんなキミだからこそ、ぼくにとって、世界でたった一人のお姫さまなのさ」というのがあなたの〝心の声〟。

恋愛は、このようにして成立するわけです。相手から見える自分というものと、自分自身で意識している自己というのは、かなり大きく異なっています。それが望ましい方向に働いた場合には、たとえば恋愛感情が芽生えたりしますし、ときには「能あるタカはツメを隠す」（じゃ、元は能なしと見られていた？）とほめられたりします。

しかし、これがいまわしい方向に作用した場合、大きな不幸せが発生します。誤解が誤解を呼び、百に一つの不運がたび重なり、売り言葉に買い言葉、目には目を、歯には歯を、血で血を洗う大闘争にも発展していくわけです！

で、この章で理論的に〝証明〟するのは、相手から見える自分と、ほんとうの自分は異なるという**「二重的世界観」**に関するものなんです。その二重性はゲーム社会の宿命であって、これを肯定しないことには、ゲーム型の社会では暮らしていけません。だから——ある意味では、運命的な不幸せなんです。ただ、それを知ってうまく利用すると、ゲームでの勝率が上がります。

また本章では、ほかの不幸せも出てきます。たとえば、ゲーム型の社会では、「訓練」や「学習」の結果がうまく生かされません。上手にできることは、やらせてもらえません。苦手なところは、どんどん攻められます。そんな不幸せが、現代数学によって導かれます。

そして、これらはすべて、**「ゲーム理論の基本定理」**という重要な定理の、必然的な帰結なんです。

純粋戦略と混合戦略

さて、ゲーム理論の数学的な解説に戻りましょう。

ワザのレパートリーが少ないと、実力を発揮しきれないものです。めっぽう体が大きくて、力の強い力士だったとしても、押し相撲だけしかとれなかったら、どうなるでしょうか。

小兵《こひょう》力士でも相撲巧者なら、立ち合いざま、横っ飛びにかわして、相手の後ろか横にまわり込むことでしょう。そして、相手がいきなりつんのめったところを、後ろからチョイッと押すだけで簡単に倒してしまうわけです。

では、次の対戦で、この巨大力士はどう取り組むか？　もしも、やはり押し相撲だけだったとしたら……？

これは架空の相撲ですが、このように押し相撲だけといったように、いつも同じ手しか使わないという戦略を、**「純粋戦略（ピュア戦略）」**と呼びます。

いつもいつも「オオカミが来た！」と叫んでいた少年は、ほんとうにオオカミがやって来たとき、だれにも助けてもらえず、パクリとそのお腹におさまってしまいました。これでは芸がなさすぎるという不幸せです。

それに対して、さまざまな手を、相手が予想しにくいように、とり混ぜて使う戦略のことを、**「混合戦略（ミックス戦略）」**といいます。

駐車違反の取り締まりをするのに、何曜日の何時からといつも決まっていれば、あまり効果はありません。抜き打ちでやるからこそ、（多少は）効果が出てくるものなんです。

相撲でも、四十八手をとり混ぜて使い、毎回、大型力士を翻弄《ほんろう》できれば、小兵力士が〝現代の牛若丸〟になれます。またポーカーの達人は、ひどく悪い手がきたときでも、かならずしも降りるとはかぎらず、自分よりずっと強い手のプレイヤーから、まんまと大金を勝ち取ったりします。

そういう秘訣《ひけつ》というのは、当然、ゲーム理論においても当初から、おおいに興味をひかれた問題です。そして、こういう場面での**「最適な戦い方」**が存在するという重要な事実を、ノイマンは「ゲーム理論の基本定理」として証明しました。**混合戦略を用いれば、「ゼロ和二人ゲーム」では、いつでも最適な戦い方ができる、**という定理です。

そして、そこから導かれる帰結の説明に入っていこうと思います。混合戦略を用いると、相手から見える自分と、本当の自分とが異なるという、二重的世界観に直面せざるをえなくなるのです……。

なお、ジョン・フォン・ノイマンさんのことを、以後はノイマンと呼びます。正式には「フォン・ノイマン」が姓なんですが、「フォン」は爵位《しゃくい》を授けられているという意味。指揮者の「フォン・カラヤン」、作家の「フォン・ゲーテ」などにわざわざフォンをつけないのと同じです。

2 最適戦略を求めよう

打者と投手の果てしない戦い

バッターとピッチャーとが繰り返し対戦するという、架空の二人ゲームを考えましょう。これはフィクションなので、ややこしい要素は省くことにして、ピッチャーは、直球か変化球の二種類の球だけを投げるとします。また、ボール球はなくて、すべてストライクです。これはポピュラーな例題です。

例3・2　バッターとピッチャー

バッターは、ピッチャーの投げる球種を予想します。予想が当たれば、打ち返せる確率は高くなりますが、当たらないと、かなり低くなります。またバッターは、変化球を打つのが苦手であるとします。

この条件を、具体的な数字を当てはめながら、前章と同じく、矩形ゲームに書いてみましょう（表5）。表の中の数字は、バッターが打ち返せる、すなわちヒッ

表5　バッターは何パーセントの確率で打ち返せるか

		ピッチャー	
		直球を投げる	変化球を投げる
バッター	直球と予想	80%	0%
	変化球と予想	10%	30%

トを打てる確率ですよ。

さて、バッターの打率は、何割何分にできるんでしょうね?

表5をごらんいただくと、たとえば、バッターが直球と予想していて、ピッチャーがそのとおり直球を投げてくれれば、八〇パーセントの確率で打ち返せます。しかし、バッターの予想に反して、ピッチャーが変化球を投げてきた場合には、〇パーセントの確率、すなわちまったく打ち返せないわけです。

このゲームの場合も、前章の最後に出てきた例と同じく、堂々めぐりが起こっています。すなわち、バッターが直球を予想し続ければ、ピッチャーは変化球を投げる方針に変更しますし、ピッチャーが変化球を投げ続ければ、バッターは変化球と予想する方針に変更します。そうすると、ピッチャーは直球を投げるべきだと気づき……というわけです。

さあ、あなたがバッターだったとしたら、どんな方針でこのゲームに臨むでしょうか?

考えてみましょう。変化球だけを予想し続けるのは、あまりよい戦略とはいえません。そのときには、ピッチャーは直球だけを投げ続ける方針をとるでしょうから、あなたがヒットを打てる確率は一〇パーセント、すなわち一割バッターにしかなれません。

では、直球と変化球とを、ちょうど半々ずつに予想して対戦したら、一体どうなるでしょうか。しかも、ピッチャーには予見しがたい方法で、その予想を決めたとしたら……。

ピッチャーに予見しがたい方法というのは、たとえば、コイン投げをしてみて、表が出たら直球と予想、裏が出たら変化球と予想、といった決め方です。

そのとき、ピッチャーも、直球と変化球とを半々ずつで投げてきたとしたら、打率の計算は簡単です。

すなわち、表の各マス目は、どれも同じ確率二五パーセントで生起するのですから――

(80%+0%+10%+30%)×0.25=30%

これなら三割バッターになれます。しかしピッチャーは、バッターが苦手な変化球を、うんと多くしてくるでしょう。そのほうが、当然、打たれにくいからです。最も極端なのは、変化球ばかりを投げたときで、

(0%＋30%)×0.5=15%

すなわち、打率を一割五分に抑えることができます。

ただ、だったらバッターも、変化球のみの予想に変更して、再び二割の打率をめざしてくるかもしれません。ピッチャーが変化球のみを投げ、バッターも変化球のみを予想するというのも、ちょうど三割の打率になるからです。

はたして、バッターは打率二割を達成することができるのでしょうか？　あるいはもしそうでないとしたら、どのくらいの打率をねらうことができるのでしょうか？　考えているとこんがらかるばかりで、かなり複雑なゲームです。

打率二割四分の〝真実〟

実は、このゲームには、バッターとピッチャーの双方にとって、**「ただ一つの正解!」**が存在します。きわめて巧妙な正解なんです。その戦略はノイマンによって導かれたもので、これこそがゲーム理論の基本定理なんです。

バッターは、次のような戦略を採用します——

●確率二〇パーセントで直球と予想し、確率八〇パーセントで変化球と予想します

●どちらを予想しているか、けっしてピッチャーに心を読まれてはなりません

相手に「心を読まれてはならない」ということは、サイコロ投げなど、偶然によってしか結果が決まらない方法を用いるのがベストだということです。そして、裏向けて引いてみて、1から10までのカードを用意します。そして、裏向けて引いてみて、1か2のカードが出たときは、直球と予想します。3から10までが出たときは、変化球と予想します。あるいは、腕時計をチラリと見て、そのときの秒針が1か2を指していれば直球、そうでなければ変化球と予想すればよいのです。

さて、このとき、バッターの打率はどのくらいになるでしょうか。非常に配球が上手なピッチャーと対戦したとき、このバッターは、

打率：二割四分

を達成することができます。そして、ピッチャーのほうも、この程度の打率を許さ

ざるをえない、というのが結論になるんです。それが「ゲーム理論の基本定理」が導く結論です。

混合戦略――バッターの場合

では、その「証明」を、ごく簡単にかみくだいてご紹介してみましょう。むずかしくありません。

まず、バッターの立場で、これを図解してみましょう（図5―①～③です）。深遠な結果ですから、図をよく見ながらお付き合いください。

表5（125ページ）をもう一度見直して、もしピッチャーが直球を投げる場合、バッターが直球だけを予想して打てば、八〇パーセントの確率で打ち返せることを思い出してくださいな。また、この場合に、バッターが変化球だけを予想して打てば、ヒットの確率は一〇パーセントになりますよね。

バッターが、毎回の球種の予想をいろいろ変えて打ってみます。直球を予想して打つ割合を、〇パーセントから一〇〇パーセントまでさまざまに変化させますと、そのとき打ち返せる確率は、図5―①のAのようになりますね。すなわち、一〇パーセントと八〇パーセントという成功率を、線分で結んで表すことができます（数学が得意な方は、簡単に証明できるはずです)。

同じように、ピッチャーが変化球を投げるとき、バッターが直球をねらう割合をどんどん変化させてみます。このとき打ち返せる確率は、同図のBのように、三〇パーセントと〇パーセントを結んだ線分で表されるはずなんです。

さて、線分Aと線分Bは、交差しています。その交点は、

バッターが直球をねらう割合:二〇パーセント

の点です。そのとき、打ち返すのに成功する確率は、図を読み取るか、計算が得意な方は計算していただくと、ちょうど二四パーセント、すなわち、

打率:二割四分

となっています。

実は、これがバッターにとって、最良の混合戦略になっているんです。ピッチャーの配球が非常にうまいとすれば、このミックスを選ぶのが、バッターにとって最善になってくるんです。

図5　混合戦略——バッターの立場で考える

①球種予想と打ち返せる確率

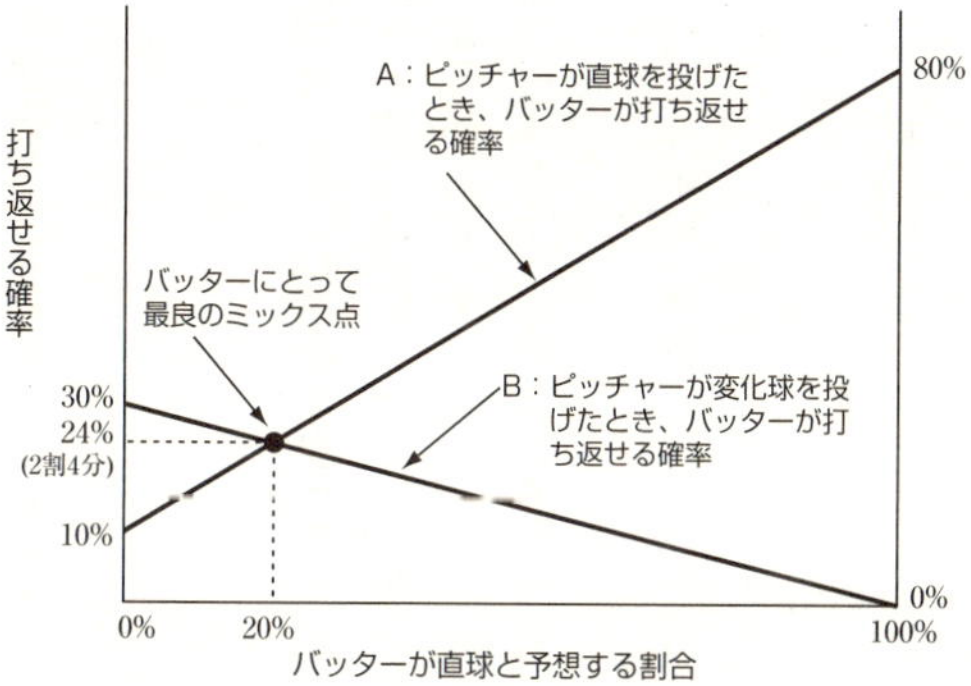

②バッターが直球と予想する割合を40%に変えた場合

〔ピッチャーは変化球だけを投げ続ければ、打率は最低にできます。〕

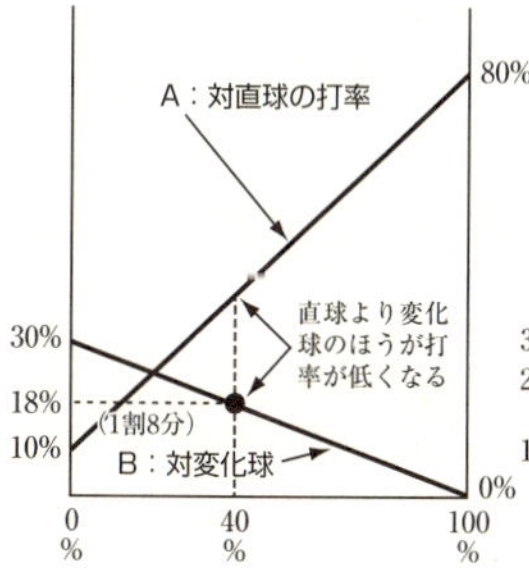

③バッターのミニマックス戦略

〔バッターは太線に沿って、打率を最高にしようとします。〕

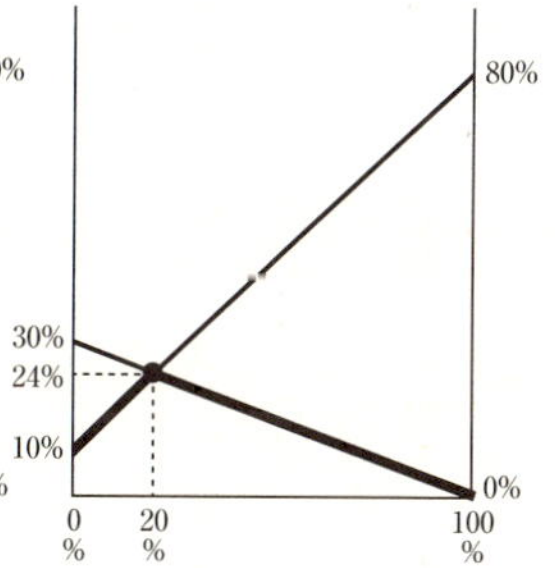

バッターがミックスを変えると……

これを確かめるために、バッターが予想をミックスする割合を変えてみましょう。

例3・3　バッターが予想を変えると

直球を予想する割合をもう少し多くして、ためしに四〇パーセントの場合はどうでしょうか（図5―②）。

さあ、ピッチャーはどんな球を投げてくるでしょうか？

ここで、ピッチャーも「合理的」にふるまおうとすることを忘れてはなりません。すなわち、ピッチャーは、バッターの打率をできるだけ低くするような投げ方をしてくるんです。

図5―②を見ていただくと、ピッチャーがどんな球を投げてくるかがわかるはずです。

ピッチャーが配球を変えると、そのときのバッターの打率というのは、線分Aと

Bとではさまれた縦方向の点線部分を動きます。バッターのミックスが四〇パーセントのとき、図の縦方向の点線上で、線分AとBとにはさまれた部分が、ありうる打率なんです。

で、その打率を最低にするには——線分Bと交わる点を選べばよいので——ピッチャーは変化球だけを投げ続ければよいのです。

そのとき、バッターの打率は一八パーセント、すなわち一割八分まで落ちてくるはずです。

図5—③で説明すると、一般に、最良のミックス点の右側では、ピッチャーは変化球を投げたほうが、バッターの打率を低くできます。また、最良のミックス点の左側では、直球を投げたほうが、バッターの打率を低くできるはずです。

それに対抗して、バッターは、ミニマックス戦略で戦おうとします。ピッチャーは、図5—③の太線側を選んで、バッターの利得を最小（ミニ）にしようとしますが、バッター側はその条件下で最大（マックス）の点、すなわち図5—③に描いた山形の太線の頂上部に到達するように、自分のミックスを選ぶのです。

混合戦略——ピッチャーの場合

だいぶ頭がこんがらかってきたかもしれませんね。ピッチャーも最良のピッチングをしようとしますので、その影響が出てきますから、なかなか考えにくいんです。

では、視点を変えて、ピッチャーから見たらどうなるでしょう。もう少しゲームの秘訣が理解できてくるかもしれませんよ。

例3・4　ピッチャーから見たら

このゲームを、ピッチャーの立場から見たらどうなるでしょう?

ピッチャーから見ても、図解は似たようなものです（図6—①〜③）。ピッチャーが直球を投げる割合をいろいろに変化させてみます。そして、バッターが直球を予想して打つ場合と、変化球を予想して打つ場合について、それぞれ線分を引いてみるんです（図6—①）。

バッターが直球だけを予想して打つ場合、ピッチャーがミックスを変えていく

図6　混合戦略——ピッチャーの立場で考える

①ピッチャーの球種変化と、バッターの予想に応じた打率

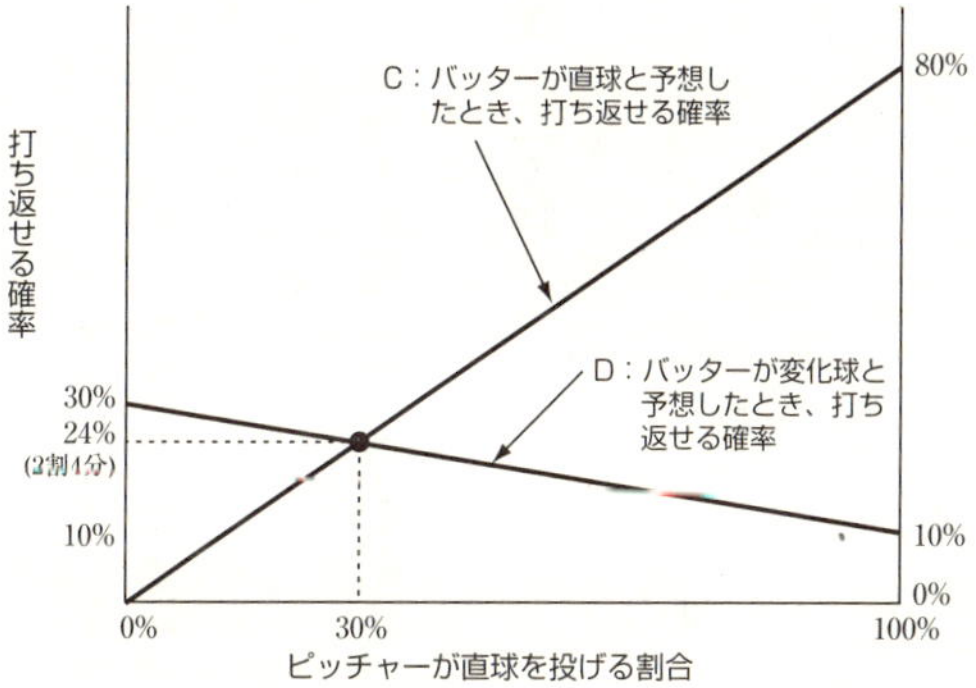

②ピッチャーが直球を投げる割合を50%に変えた場合

〔バッターは直球ばかり予想して打ち続ければよいのです。〕

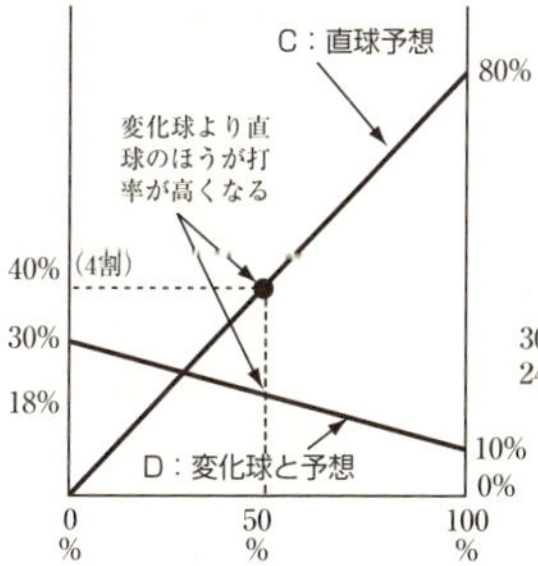

③ピッチャーのミニマックス戦略

〔ピッチャーは太線に沿って、バッターの打率を最低にしようとします。〕

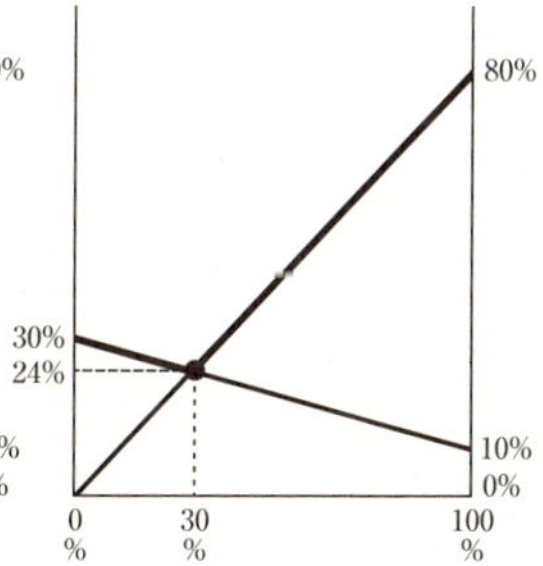

と、打ち返される確率は、線分Cのように、〇パーセントから八〇パーセントまで変化します。

同じく、バッターが変化球だけを予想して打つ場合、ピッチャーがミックスを変えると、打ち返される確率は、線分Dのように、三〇パーセントから一〇パーセントまで変化します。

線分Cと線分Dの交点は、

ピッチャーが直球を投げる割合：三〇パーセント

であって、しかもバッターにとっては、

打率：二割四分

というようになる点です。

この図は、ピッチャーの配球に注目して描いたので、ここからの読み方が、先ほどの図5と少し違っています。つまり、ピッチャーがミックス三〇パーセントの配球からずれてきた場合、バッターは、できるだけ打率を上げるような打ち方をしてくるんです。

たとえば、ピッチャーが直球の割合を五〇パーセントに変化させた場合を見てみましょう（図6―②）。図の縦方向の点線上、線分CとDにはさまれた部分で、バッターはできるだけ上方の点を選んでくるはずです。すなわち彼は、直球だけを予想して打ち、その打率は四割ちょうどまでアップします。

「ゲーム理論の基本定理」がベールを脱ぐ

一般に、最良のミックス点の右側では、バッターは直球だけを予想して打ったほうが、打率を高くできます。また、最良のミックス点の左側では、変化球だけを予想したほうが、打率を高くできるということになります。

バッターが選ぶはずの線を太く描いてみると、図6—③に示すとおりです。これを、ピッチャーの立場で見ると、どういうことになるのでしょうか。バッターは、自分の打率をできるだけ高めようとして、このピッチャーに対戦してきます。図の太線は、ピッチャーのさまざまな配球に対する、バッター側の最大利得を表しています。

そして、ピッチャーとしては、バッターにとってのこの最大利得を、最小にするのが最善の配球ということになります。最大利得（マックス）を最小（ミニ）にするのですから、これは実はミニマックス戦略なんです。先に描いておいた、バッター側からの図でも、最小利得（ミニ）を最大（マックス）にしようとしています。

すなわち、この野球の対決というゲームは、バッターから見ても、ピッチャーから見ても、ミニマックス戦略によって解決できるんです。

しかも、どちらから考えても、バッターの打率は――**二割四分！**

もしもピッチャーが最善の配球をするなら、バッターはどうプレイしても、この二割四分を超えられません。また、バッターが最善の予想をするなら、ピッチャーはどう配球しても、バッターの打率をこれ以下に下げられません。このような均衡点が存在し、混合戦略を用いれば、必ずそれを達成することができます――すなわち「最適戦略」を求められる――としたのが、ノイマンの基本定理です。

●ゲーム理論の基本定理（ノイマン、一九二八年）

有限ゼロ和二人ゲームでは、ミニマックスの意味での最適戦略を、混合戦略によって、必ず構成することができる。

この表現ではむずかしいので、ともかく、野球の対決のような具体的な例を思い浮かべていただくのがよいでしょう。そして、それと似たような状況なら、いつでもこんな戦略を使えるのだ、と思っていただければよいのです。

ここまでたどり着いたら、あなたはこの本で最も難解な部分を、無事（?）、クリアしたことになります。ただし、あまりよく理解できずに、ほとんど斜め読みでも大丈夫。とにもかくにも、この定理の正体が、これからいよいよベールを脱ぐんですから。

3 ミニマックス戦略の不思議

ミニマックス戦略は不条理です

野球の対決で述べた数学は、ゲーム理論の中心理論を構成するものです。文科系の方などが読むには、やや高度だったかもしれません。ただ、大事なお話なので、できるだけわかりやすくご説明しておきました。もし理解できたなら、あなたは、現代数学が提供する知的成果の一つを、みずからの力で獲得したことになります。

もう一度かみくだいておきますと——

●二人でおこなうゼロ和ゲームでは、「確率的」にふるまえば、最も有利に戦うことができます。

しかも、その最適ポイントを、数学的にきちんと求めることが可能です。

通常、この理論は非常に好意的に受けとめられています。まさか解があるとは思っていなかったような問題に、厳密な最適解を見出したからです。ノイマンは天才といえる数学者でした。コンピュータで解くなら、この問題は一次式で表現されていますので、「線形計画法」という最適解計算法を利用して、かなり能率的に求めることができます。

しかし、この理論を応用してみようと思って、おそらくまずぶつかるのが、対象とするゲームを「矩形ゲームとして表現できるか？」ということでしょう。表をつくる基礎データを収集するだけでも、なかなかむずかしいことです。

それに、ゲームで対戦するときに、「相手に心を読まれてはならない」と仮定しました。人間が心を見せないというのは、非常にたいへんなことで、もし相手に手の内を読まれてしまうと、この理論はまったく使えません。そして、そうなると、ミニマックスの場合よりもっと得点が下がってしまうのです。

心を読まれず、確率的にふるまうという、ロボットみたいな行動は、人間にはとりにくいのです。「ああ、ミニマックス戦略は手に負えない！」と思っても、これはまだ序の口ですよ。

練習の成果を期待できません！

ミニマックス戦略には、もっと奇妙な性質があります。その一つ目を述べましょう。

ここまで、バッターは変化球を打つのが苦手、として計算してきました。しかし、彼がもし猛練習をして変化球に強くなったら、何が起こるでしょうか？

例3・5　変化球に強くなったら

ピッチャーが変化球を投げて、バッターもそれを予想しているとき、ヒットを打ち返せる確率が、五〇パーセントにアップしたとしてみましょう。

もともとが三〇パーセントだったのですから、二〇パーセントのアップですね。これを図解したのが図7です。

では、トータルの打率は上がるでしょうか？

図を見ていただくとわかるように、

打率：約三割三分

図7　バッターが猛練習をして、変化球に強くなったら……

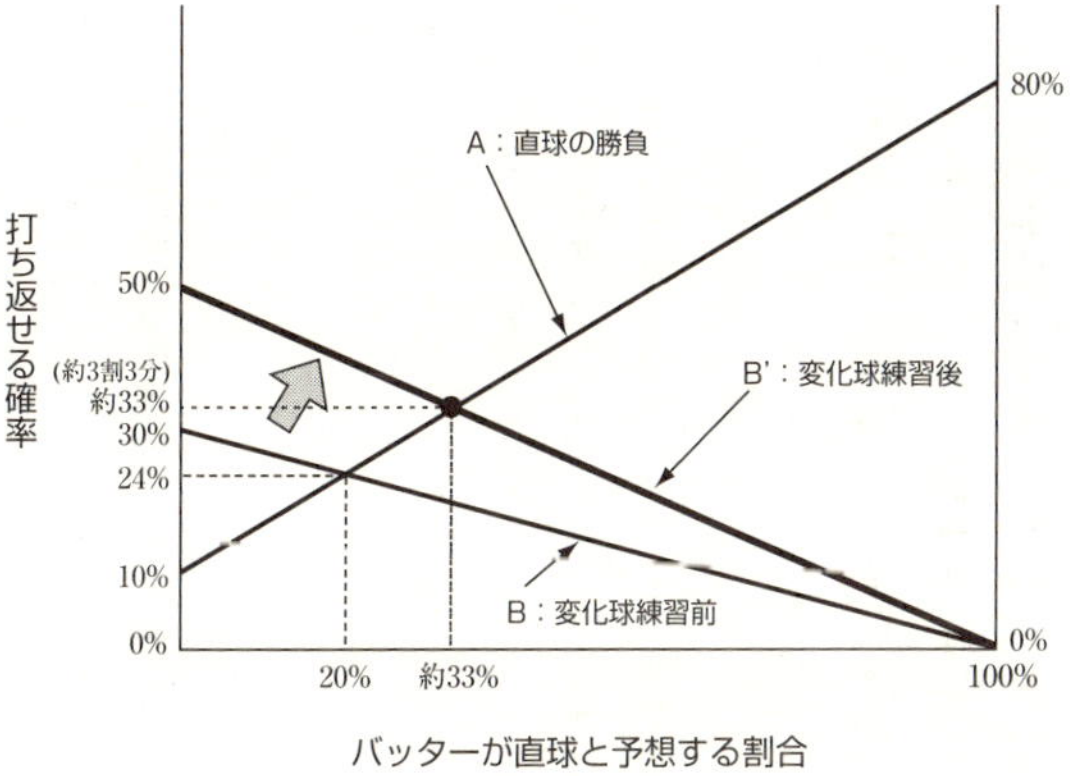

まで向上しています。もとの二割四分に比べて、九分の改善であり、練習の成果だから、当然でしょう。

しかし、もう一度、図をよく見てくださいね。

バッターが直球と予想する割合：
約三三パーセント

となっているのです。

変化球を打つ練習をする前は、直球をねらう割合は二〇パーセントで、八〇パーセントの割合で変化球を待っていました。それがいまは、変化球を待つ割合は、約六七パーセントまで減少したのです。

80%−67%＝13%の減少

というのが、練習の結果であるというこ

とになります。つまり――

変化球打法を練習することによって、変化球を打つ機会がむしろ減ってしまいました！

こういう奇妙なことが起こるのが、ゲームの世界なんです。変化球に弱いバッターなら、その弱点はどんどん攻められるでしょう。けれども、いったん弱点を克服してしまうと、相手はそこをたたいてこなくなるのです。

興味深い不条理なので、ユーモア風の定理にまとめておきましょう。そこから導かれる「系」（関連定理のことです）なども列挙します。ここでいうゲーム社会とは、おもにゼロサム社会のことです。

第四定理（弱点克服の不条理定理）
ゲーム社会では、訓練や学習によって弱点を克服すると、かえってその成果を生かす機会が減ってしまう、という不条理が起こる。

■第四定理の系1
ゲーム社会では、弱点は徹底的にたたかれる。

■練習の法則
練習は、セオリーどおりにいかない。
試合は、練習どおりにいかない。

■正直者の不安
ぼくはウソをつけないタチで、なんでも顔に出てしまうんだ。混合戦略なんてプレイできないよ。

■スペシャリストの不安
ぼくは専門分野以外は、苦手だらけなんだけど、大丈夫だろうか?

■第四定理の系2
正直者およびスペシャリストに未来はない。

もちろん、ジョークですよ。けれども、ゲーム社会で、交渉ごとやもめごとや競争などが生じた場合、冷静に対処できない人や、オールラウンドのゼネラリストでない人は、苦戦する傾向があることを暗示しています。逆にいえば、冷静で苦手をなるべくなくすことが、必勝の近道ということですね。

ゲーム社会は誤解のうえに成り立つ

さらに、次に述べる第五定理は、この第四定理に比べて、はるかに重要度の高い定理ですよ。ゲーム理論の中心定理から生じる最大の不幸は、この定理が述べるように、この世の中から真実がすっかり消え失《う》せてしまうことなんです。

ミニマックス戦略には、常識と一致しないような、とても奇妙な性質がありますす。先ほどの野球の例で計算した結果を見直してみましょう。思い出していただくと、

ピッチャーが直球を投げる割合：三〇パーセント

でした。これは、勝負において、実際に直球が飛んでくる確率です。

しかしながら、バッター側のミックスは、少々違っていました。その値は、

バッターが直球をねらう割合：二〇パーセント

だったんです。

ふつうの常識に従えば、実際に飛んでくる各球種の確率を、できるだけ正確に予想したほうが、打率が上がるような気がするものです。ところがそうではなくって、ノイマンの定理が教えるところでは、不正確な予想のほうが、最適ポイントになってくる、という不思議な結果が出てきます。

この差、

30％－20％＝10％？

がミステリーですね。

しかも、この値については、クドクドと説明できる性質のものではなくって、数学的に厳密に計算した結果が正しく、それを信じるしかないわけなんです。

ここで「真理」と「戦略」とが、完全に空中分解してしまっていますね。この章の導入部で予告したように、ゲーム社会は誤解のうえに初めて成り立つんです。これは、矛盾に満ちて、解決できないパラドックスというしかないでしょうね。

この驚異の現象は、ぼくたちが計算した野球の対決という例だけで生じるのではありません。ゲーム理論の基本定理が適用されるような、ゼロ和の二人ゲームで、常に現れてくる普遍的な現象なんです。

だから、こじつけやジョークではなくって、次の第五定理が成り立ちますよ（やっぱりこじつけやジョーク？）。

第五定理（真実は何もない！定理）

1　ゲーム社会には、真実は何もない！

2　ゲーム社会は、誤解のうえに成り立っている。

3　ゲーム社会は、真実を信じて生きていける社会ではない。

■第五定理の系1

ゲーム社会の人間関係はとてもむずかしい。

■系1の補則

いまごろわかっても遅い。

■正直者の不安（再び）
ぼくは真実を信じているし、系2を知りたくない……。

■第五定理の系2
正直者には、やはり未来はない。

これらの定理や系は、ゲーム社会ではウソつきになれ、とすすめているのではありません。実生活でよく経験するできごとから、隠された法則性を見出しているだけです。たとえば――

例3・6　アドバイス

人にアドバイスしてやったら、そのアドバイスが非常に役に立った、とえらく感謝されました。しかし相手は、こちらが大事だと思った話など、少しも聞いていなくて、はたしてそんなこと言ったかな、という点に感謝していました。

例3・7 別れ

ちょっと気どって、「キツネとタヌキの化かし合い」をためしてみたら、恋愛は誤解によって成り立つことがよくわかりました。けれども、別れもまた誤解によってやってきました……。

そんなこんなで、もう少し法則を付け加えておきましょう。人間どうしの関係はほんとうにややこしいし、誤解に満ち満ちているものです。

■チズホルムの第2法則
提案書は、提案者の意図どおりには理解されない。

■ジャン・ポール・サルトルの考察
地獄、それは他人だ。

■ドゥーリーの法則

人は信用せよ。ただし、カードはシャッフルすべし。

というわけで、ゲーム社会のむずかしさというものを、少しはわかっていただけましたでしょうか。

ノイマンの基本定理では、プロセスというものの正当性よりも、結果がよいことをずっと重視しています。その結果、ぼくたちが信じられるものは、この世の「真実」ではなくて、数学的な「戦略」のほうに移ってしまうのです。

小むずかしいことを言えば、これは古典的な意味での、自然科学的な世界像ではありません。観測や統計によって、世の中や自然の真実を見きわめても、それが実生活ではかならずしも役立たない、と主張しているようなものですから。

さて、不条理とパラドックスに満ちた話は、ここで終わるわけではありません。さらに展開していきます。次章では、ゲーム理論の基本定理がすすめるような、確率的な戦略に従っても、まだまだ負け続ける、という不幸せが〝証明〟されます。それは、「不運」に関するいわゆる「マーフィーの法則」の〝厳密〟な裏づけにもなるものなんです。

第4章

「マーフィーの法則」で運命が決まる！

1 "ツイていない人"が、なぜ多いの？

世の中は、マーフィーの法則以上に悲惨です

対戦型のスポーツなどでは、さまざまな手をとり混ぜてください、と述べました。それを理論化したのが、前章の混合戦略であり、不思議なことに、**確率的にふるまうというのが、最強の戦い方**でした。しかも、第五定理で述べたように、この対戦はパラドックスに満ちたものなのに、それでも最強の戦略になっていた、という変な理論だったわけです。

しかし、ぼくたちが実際に対戦するときには、ゲームの典型的な展開は、あまり楽観的なものではありません。たいていの場合、

「ミニマックス戦略で戦ってたつもりなんだ。けど……ツイてなかったんだ。裏目、裏目に出るんだよ」

こういうのは、ついつい共感を感じてしまうほど、ぼくたちがふだんから経験している、ふつうのゲーム展開です。

ストライクがくると信じて、フルスイングしてみれば、アウトコースのボール球だった。傘を持って出ない日にかぎって、どしゃ降りだ。昨日は失敗して上司に叱《しか》られたから、今日こそ挽回《ばんかい》しようと思ったのに、輪をかけた大失敗……！

最強の極意を知ったはずなのに、やはりゲーム社会では幸せになれそうもなくって、不運続きの人たちが圧倒的に多いわけなんです。

世の中はツイていない人ばかりだという〝事実〟を、法則としてまとめたのが、有名になった本『マーフィーの法則』（アスキー出版局刊）です。おもにコンピュータ分野などの技術者たちが楽しく議論してきた「不幸せの法則群」です。

マーフィーの法則と、そのさまざまなバリエーションは、わが国でも一九七〇年代くらいから知られるようになりました。雑誌や本などで、しばしば取り上げられてきましたよ。

由来を探ると、もともとのマーフィーの法則というのは、一九四九年、カリフォルニアのエドワード空軍基地で、エドワード・アロイシャス・マーフィー・ジュニア大尉という技師がふと口にした言葉だそうです。それが伝わるうちに、いろいろな人が新しい〝法則〟をつけ加え、やがて膨大な〝体系〟になっていったのです。

なお、ジョセフ・マーフィーさん（自己開発法研究家）の「成功法則」体系とは異なるものですから、混同しないように注意してくださいね。

本書でもすでに関連法則をいくつか引用してきましたし、マーフィーの法則についてはご存じの方もおられると思いますが、以下にいくつか掲げておきます。その他にもこの本では、折りにふれて『マーフィーの法則』から引用しつつご説明しますので、お楽しみください。

■マーフィーの法則（オリジナル版）
失敗する可能性のあるものは、失敗する。

■ジェニングによる発展形
トーストのバターを塗った面が下を向いて落ちる確率は、カーペットの値段に比例する。

■ギンスバーグの定理
1　勝ち目はない。
2　引き分けもない。

3　途中で降りることもできない。

オトゥールがコメントしているように、それでも実は「マーフィーは楽観主義者だった」のかもしれないでしょう。もちろん、そう思う方も多いわけで、世の中はマーフィーが指摘している以上に悲惨なんです。

なぜなら、いまお読みいただいている**この本は、さまざまな「不幸せ現象」を現代数学で〝証明〟している**からなんです。マーフィーとその信奉者たちが述べたのは、単なる「経験則」にすぎません。けれども、厳密きわまりない数学という論理体系のもとで、世の中の不幸せの背景となる理論を、まさしく〝証明〟

してのけることが可能（！）なんです。

この章の数学を知ってしまえば、「トーストがバターを塗った面を下にして落ちる」人、ギャンブルで負け続ける人、失敗が失敗を呼ぶ人などなどは、初めてその真因をご理解いただけることでしょう。ご理解いただけたら、少しは心安らかになれますし、用心するようになれますからね。

実は、この不運は、まったく避けがたいものです。ノイマンが考案した混合戦略を用いても、対戦型ゲームに負け続ける人がいます。ツキはその人を離れます。いつも裏目にまわり、底なし沼にはまった人たちが救出されることは、きわめて少ないんです。だから、そんな人を見かけたなら、あなたはぜひ慰めてあげるべきでしょう。

いわば、ここは禁断の花園――。あなた、そんな場所が存在することを、うすうす感づいていませんでした？　地球上のほとんどの場所に、この花園に住みついた人が山ほどいるんですが……。

「大貧民ゲーム」がはやるわけ

世の中はツイていない人ばかりです。それをだれもが知っているものですから、ついには逆手にとって、負けるためのゲームがはやります。

たとえば、ひところ「大貧民ゲーム」というトランプゲームが大はやりしました。流行し始めたのは、一九七〇年代末ごろからだったでしょうか。マーフィーの法則が最初に迎え入れられたころと、ほぼ時期的に一致していると思います。

近年も静かなブームとなっていて、インターネットにたくさんのウェブサイトが開かれています。また、パソコン用のフリーソフトなどがあります。多くの人たちが日々、このきわめてユーモラスで、ちょっと敗北主義的なゲームに興じているんでしょうね。

「大貧民ゲーム」は、「大富豪・大貧民ゲーム」などともいいます。ジョーカー二枚を含むトランプ五四枚を使用するゲームです。ご存じない方のために、簡単にルールをご説明します――

例4・1　「大貧民ゲーム」のルール

このゲームでは、毎回、前の回の勝ち順に従って、「大富豪」「富豪」「平民（複数いてよい）」「貧民」「大貧民」が決まります。六人くらいで楽しむとおもしろいです。

全員に均等に全カードを配りますが、大貧民は、手持ちのカードのなかで、最強のカード二枚を大富豪に差し出します（「年貢」といいます）。大富豪は、その代わりに二枚のカード（おそらく最弱のはず）をくれます（「給金」です）。同じく、貧民の最強カード一枚は、富豪の一枚と取り替えられます。

カードの強さは、A（エース）よりも2が強いです。3が最弱。ジョーカーは最強で、どのカードの代用にしてもいいですし、2より強いカードとして使ってもいいのです。

カードの出し方は、一枚か、同じ数字何枚かの組み合わせ、または同一スート（マーク）の三枚以上のシーケンシャル（連続した並びのカード）、のいずれかです。以降の人は、前の人と同じ枚数と組み合わせで、出されているカードより強いカードを出します。出せないときはパス。出されたカードに対して、他の全員がパスしたら、そのカードを出した人が、次に新たなカードを出します。

すべての手持ちカードを出しきった人が勝ちです。カードの強さをすっかり逆転する「革命」ルールを導入したり、ジョーカーより3が強いなどとルール変えをしても遊べますが、日がな一日、順位が変わらないのを楽しむ人たちがいます。

確率は味方してくれません

こんなふうに、負けることが大好きな人はとても多いのですが、そんな方はこの章をうんとお楽しみいただけるでしょう。また、負け続けてきた方は、その対策をお考えいただけるでしょう。

マーフィーの法則とは、実は〝確率のマジック〟です。しかも、インチキのマジックなどではありません。避けようとしても避けがたく、逃れようとしても逃れられないような、絶望的な「確率の真理」なんです。

たいていの人は、確率のウソにひっかかります。たとえば、次の例をお考えください。

例4・2　公平なコイン投げ？

ぼくとあなたとで、コイン投げをしてみましょう。

まずぼくが投げます。表が出たら、ぼくの勝ち。

裏が出たら、今度はあなたが投げます。そして、そこで表が出たら、あなたの勝ちです。

でも、また裏だったら、今度はぼくの番で、表ならぼくの勝ち。それでダメなら、またあなたにまわってきて……。

こんなふうに、交互にコイン投げをするなら、ルールは公平？

もし公平だと思われるなら、たくさんの人がぼくと対戦してみてください。この勝負を三〇〇回すると、実は、ぼくは平均として二〇〇回勝てます！

つまり、ぼくが勝つ確率は、三分の二なんです。まさかと思われるかもしれませんが、ぼくが先手だというところに、トリックがあるんです。

最初の一回目で、ぼくはすでに二分の一の勝率を確保しました。あなたは、ぼくが裏だったという条件（確率二分の一）のもとで、二分の一の勝率を得られるだけです。つまり、あなたの第一回目は、すでに四分の一という確率なんです。

その次の回に、ぼくはまた八分の一という確率を追加します。無限級数の計算法を知っている人は、勝負が決着するまでのぼくの勝率を計算できて、それが三分の二だとわかるでしょう。もちろん、あなたの勝率は三分の一なんです。

確率や統計のトリック

これはインチキでしたが、確率や統計でさまざまなウソをつくことができます。ダレル・ハフの『統計でウソをつく法』（講談社刊）などを参照していただくと興味深いです。

例4・3　牛乳に発ガン性あり？

かつて、ある医学雑誌が驚くべき記事を掲載しました。

「牛乳を飲む人たちのガン発生率が高い」というのです。世界中で調査した結果です。

アメリカやスイスなど、牛乳を多く消費している国のガン発生率は、セイロンなど牛乳消費の少ない国に比較して、顕著に高かったのです。

牛乳を飲むイギリスの婦人は、当時、めったに飲まなかった日本の婦人より、一八倍も多くガンにかかっていましたよ。

さて、どうして？

なんのことはありません。高齢になるほどガンの発症率は高くなります。牛乳の消費量が多い国は、当時、平均寿命の長い先進国だったんです。この調査時、イギリスの婦人は、日本の婦人よりも平均一二年長生きしていました。

同じような昔話では、アメリカで黒人に対する偏見の高い地域ほど、黒人には白人と同じ就職チャンスがあると考える、という調査結果が出たりします。黒人に対する同情が少ないがゆえに、かえって数字が高めに出た、と推測されます。

また、濃霧の日より、快晴の日のほうが、自動車事故の発生件数（発生率ではない）がずっと高いと報告されたりします。なぜなら、濃霧の日は、快晴の日より日数がはるかに少ないからですよ。

ミステリー作品などで、確率のウソを巧妙に利用している作品があります。有名なトリックです。さまざまな小説に登場しますが、阿刀田高さんが「幸福通信」（講談社文庫『冷蔵庫より愛をこめて』所収）でも使用しています。

例4・4　百発百中の予想

ある男のところに、夜遅く「コンピュータ」と名乗る女声の電話が、ときどきかかってきます。その電話は、野球や競馬の結果や株価の動きを予想します。男がその予想に従ってお金をつぎ込むと、毎回の予想がことごとく的中していくのです。

いったいこんなことが可能なのでしょうか？

ミステリーファンなら、このトリックをごぞんじの方は多いはずでしょうね。

実は、「電話はたくさんの人にかけていた」というのがトリックです。

たとえば、A球団とB球団との野球の試合で、半数の人には「Aの勝ち」と電話し、残りの半数には「Bの勝ち」と電話します。これでもしAが勝ったら、Bの勝ちとしたグループは捨ててしまって、次は勝ち残ったグループだけに電話します。「××株は上がる」と「××株は下がる」という二グループに分けるというふうにです。「××株は上がる」と「××株は下がる」という二グループに分けるというふうにです。

小説の主人公氏は、単に最後まで勝ち残った人物というだけ。彼から見れば、奇跡の的中率も、実は、**ただの確率現象にすぎなかった**のです。そして、阿刀田氏ならではのブラックな結末として、この〝選ばれた男〟はこのあとたいへんな不幸せに遭遇しますが……。

ただ、「ああそうか、この章の話はだいたいわかったぞ」などと早合点しないでくださいね。これから述べるのは、単純な確率トリックなどではありません。専門の数学者でさえ、たいていい知らなかったほどの、現代数学の〝禁断の花園〟なんです。この花のトゲに刺さらないように、くれぐれもご注意くださいね。

2 幸か不幸か――確率は二分の一だが

「確率二分の一のゲーム」という落とし穴

厳密に勝敗が半々のはずのゲームが、急転直下、勝ち目のないゲームへと、坂道を転げ落ちる――

マーフィーの法則の派生則として、トッドの法則「すべての条件が同じであれば、きみが負ける」、その発展形「すべての条件がきみに有利であっても、きみが負ける」、ジェンセンの法則「勝つか負けるかなら、きみが負ける」などがあります。

こういう法則がある意味で正しいことを、これから〝証明〟しましょう。人がなぜ負けるのかという大法則が、だんだんと理解できてきます。

しかも、ここでは、そんな「不幸せのゲーム」の例として、タネもシカケもない単なる「コイン投げ」（あるいはそれと同等のゲーム）を考えます。

「えっ、コイン投げって、そんなに不幸なの？」

これこそがゲームの落とし穴なんです。確率に従った戦略をとり、理論的にはそこそこ善戦できるはずのゲームですが、結果は惨敗となる場合が、かなりしばしば起こります。そういう事実を、タネもシカケもないコイン投げでやってお見せするのですから、だれも反論のしようのない〝証明〟へと、かなり肉薄しているわけなんです。

例4・5　イーブンなら勝ち

これから述べようとする概念をおわかりいただくために、ためしに、ぼくと対戦していただきましょう。

コインを一枚もって、コイン投げを一〇回やっていただきたいんです。表が五回、裏が五回というように、結果がちょうど半々の「イーブン」に分かれたら、あなたの勝ち。それ以外はぼくの勝ちとさせてくださいな。

では、あなたの勝率は？

結果を述べますと、

一〇〇人のうち、二五人未満の人はぼくに勝ったが、七五人以上は負けたはずということになります。これはきちんと確率を計算するとわかりますが、細かい数字はどうでもよいので、そんなものだとお思いください。

例4・6 二〇回のイーブン勝負

では、二〇回のコイン投げをします。表一〇回、裏一〇回というちょうどイーブンなら、あなたの勝ちです。それ以外ならぼくの勝ち。

この場合には、あなたは結果をどう予想しますか?

ちょっと確率論をかじった方は、「大数の法則」というのをごぞんじでしょう。コイン投げの回数が多くなればなるほど、結果は理論どおりの確率に近づいていきます。だとすると、二〇回もコイン投げをすれば、先ほどの二五人より、もっとたくさんの人が、ぼくに勝ったのでしょうか?

正解はまったく逆なんです――

一〇〇人のうち、一八人未満の人がぼくに勝ち、八二人以上は負けたはず

そして、コイン投げの回数が増えるにつれて、あなたが勝てる確率はどんどん小さくなっていくんです。六四回くらいのコイン投げになると、あなたが勝てる確率は、なんと一〇分の一未満になってしまいます。

コイン投げや、丁半バクチなど、確率二分の一で勝敗が決するはずのゲームだったとしても、ゲームの回数を重ねると、厳密に「勝ち負けイーブン」で終わる割合が、どんどん少なくなっていきます。まず、これをご記憶ください。

一年間、丁半バクチを続けると？

これから述べる理論は、本来はかなり専門的なものです。**「ランダムウォーク」**という理論に属していて、結果は**「逆正弦法則」**という定理として出てきます。

ただし、応用は、身につまされるほど切実です。自分はバクチで身を滅ぼしそうだ、というタイプの方は、理論が導くところのきわめて信じがたい結果を、よく覚えていただきたいものです。

例4・7　丁半バクチの運・不運

コイン投げの勝負や、丁半バクチに入りびたって、これを一年間やり続けるとしましょう。

一秒間に一回の勝負を、不眠不休で三六五日間続けます——すなわち、およそ三一五四万回という大勝負です。

そんなに長くなったら、運も不運もなくなってしまうんでしょうか？

え、そんなにやってられないって？　いいえ、やっていただかないと、説明を信じていただけませんので、ぜひ挑戦してみてくださいね。

実は、このゲームで、厳密に数学的に証明できる結果として、表6のようなデータが出てくるんです。

あなたが、もし不運な側のギャンブラーだったとしたら、この表では、あなたが一年間にこれ以下の間しかリードできないという時間的長さと、その確率が示されています。

ここで注意しておきますと、「リードしている」というのは、初回からの累積の勝

表6　確率２分の１で勝敗の決まるゲームでも、不運なプレイヤーは、たったこれだけしか勝てません！

不運な人の確率	1年間のうち、リードしている時間数
0.9	153.95日
0.8	126.10日
0.7	99.65日
0.6	75.23日
0.5	53.45日
0.4	34.85日
0.3	19.89日
0.2	8.93日
0.1	2.24日
0.05	13.5時間
0.02	2.16時間
0.01	32.4分

ち数が、累積の負け数を上まわっている状態です。つまり、「勝ち越し」ている状態のことです。お金を賭けていたら、ただいま現在、「儲かっている」状態のことですね。

さて、一年がかりの大勝負をやる人たちが、何組かいたとしましょう。そのとき、どの程度の割合のプレイヤーが、どの程度負け続けてるんでしょうね。

この計算を数式でおこなうのは、とてもたいへんです。コンピュータプログラミングの素養のある方なら、コンピュータで実験して、そのデータで確かめていただくのがよいと思います。それ以外の方は、表のデータが参考になるとお考えいただいてご覧ください。

表で、確率0・5と書いてあるのは、負け越しに終わったプレイヤーは、そのうち二人に一人が、一年のうち五三日程度以下しか、勝ち越しの状態にいられないことを示しています（幸運な側のプレイヤーは、残りの三一一日以上リードしています）。

また、確率0・2の欄に書いてあるのは、負け越しに終わったプレイヤーの五人に一人は——一年間のうちで、九日足らずしか、勝ち越し状態にいられないことを示しています。つまり、五組が勝負したら、敗者五人のうちの一人は、だいたいこのレベルの悲惨さです。

あるいは、もっと不運なプレイヤーとなると、敗者の一〇人に一人は――一年に二日ちょっとしかリードできません。

いや、いかにも起こりそうな不運さというのは、敗者の二〇人に一人まわってくるとか、自分が負けた二〇回に一回起こるという大不運です。――なんと、**一年三六五日のうち、たった一三時間あまり**、勝ち越し状態にいるだけだという事態が、**二〇回に一回**は起こるのです！

たとえば、学校の一クラスほどの規模でためしてみたとしましょう。もし二〇組のプレイヤーが同時にこの大勝負を始めますと、一年後に、だれか一人はこのとんでもない大負けに遭遇する可能性が高いことを意味していますよ。

もっと極端な結果では、一〇〇人に一人というメチャメチャな惨状もありますが、こういうのは、なかなか自分にはまわってこないものです。しかし、敗者の二〇人に一人だったら、もしや、ということは、十分起こりうるでしょう（学校のクラス規模に、必ず一人はいるんですから）。

ギャンブルというのは、そんなにも**不運につきまとわれる行為**なんです。イカサマなしの勝負で負け続ける人は、（あなたを含めて）そこらにゴロゴロいるんですよ。

ランダムウォークの信じたくない結果

ランダムウォーク——酔歩ともいいます——という概念は、コイン投げや、丁半バクチなどのように、確率的に勝ったり負けたりする過程というものを、数学的に表した概念です。

ここではフェラーという数学者の本に従って、ランダムウォークの理論を説明しています。

図8は、フェラーの本に出てくる一万回のコイン投げの結果を要約したものです。これはほぼ典型的なランダムウォークの実例ですし、複数の実験結果のうち、なるべく常識の範囲内からはずれないものを選んだ図です。

コンピュータのプログラミングができる人は、これに似た実験を、手近なパソコンなどでごく簡単におこなうことができるでしょう。また、実際にコインを投げてみても、まる一日くらい時間をかければ、不可能ではありません。

図を見ていただくと、酔っぱらいが右や左にフラフラするように、コイン投げの結果も、上下に不規則に振れながら進行していくことがおわかりでしょう。

注意しておきますと、図のいちばん上の記録は、初めの五五〇回のグラフで、あ

図8　1万回のコイン投げの実験からわかること――ランダムウォーク理論の不思議

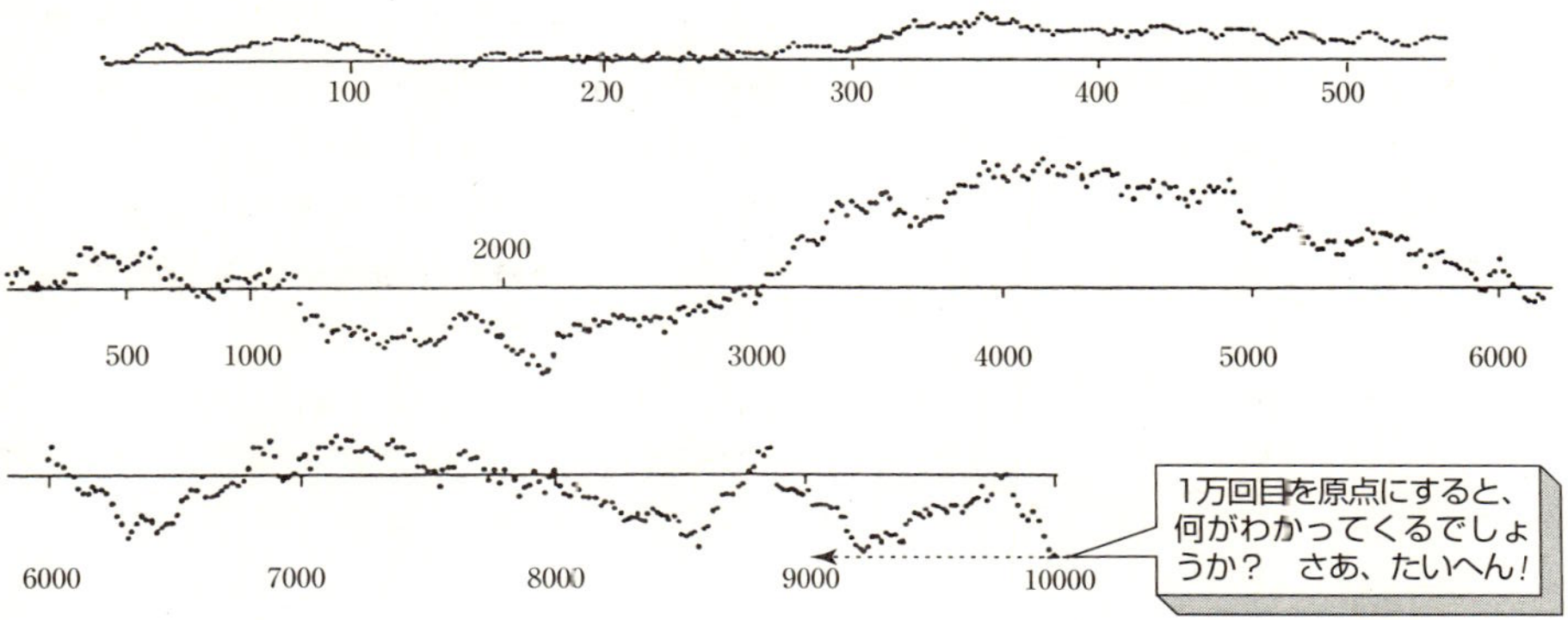

●いちばん上のグラフははじめの550回の記録であり、下の2つのグラフは、1万回すべての試みの記録です。横軸は、コインの表と裏の累計回数の差が、ゼロのラインを示します。横軸への復帰や、リード（累計回数での）の逆転が、かなりまれな現象であることを示しています。運のよい人は勝ち越しを続け、ツイていない人は徹底的に負け越しを続けるということです。

との二つの記録が、一万回すべての試みのグラフです。

表と裏がまったく同じ確率で出るコインでも、長い時間の挙動というのは、かなり奇妙な性質をもっています。たいていの人は、横軸（コインの表と裏の累積回数の差がゼロのライン）を横切る回数の少なさや、好・不調の波の長さに驚くことでしょう。

この記録では、横軸へ復帰した回数は全部で一四二回です。そして、そのうち実際にリードが変わったのは、ほぼ半分の七八回なんです。

で、ここからが、頭のいい人への、ちょっと信じにくいようなお話です——。

例4・8 グラフを逆行します

このグラフを逆にたどってみてください。

すなわち、最後の一万回目をスタート・ポイントにしてみます。

そして、この一万回目のポイントを原点として、グラフを逆行しながら、もとの原点へと戻っていきます。

すると、リードが変わる状況はどうなるんでしょう？

この逆行の結果というのも、典型的なコイン投げの実験であることに、読者のみなさんはご異論がないでしょう。

コイン投げというのは、一回ずつが独立した確率的事象ですから、順序を完全に逆にしたとしても、そういう結果も、元と同じような典型的系列として起こりうるんです。

そこで、原点を一万回目のポイントに移したので、横軸は、この点を通る位置に移動したとお考えください。すなわち、全体的にかなり下方向に移動してきます。頭の中で、テンテンテン……と新しい横軸を引いてみてください。

すると――新たな横軸と交わる点は、さっきよりずっと減り、このコイン投げの結果というのは、ほとんどが横軸より上方ばかりになるではないですか！

この新たに設定した逆行系列では、横軸へ復帰した回数はたった一四回、そしてリードが変わったのは八回にすぎません。一万回もコインを投げて、こんなにもかたよった結果が出ると、専門家でも、コインがゆがんでいたのでは、と疑いたくなるかもしれませんね。

しかし、理論上、こういうことは、実際によく起こるんです。

一四〇回以上タイになる確率は、くわしく計算すると、０・１５７程度です。

一方、タイが一四回以下となるという場合も、かなりありふれていて、ほぼ0・115程度なんです。

つまり、この両者は、そんなに大きな確率の差はないということなんですが。

このように、直観には少々反していますが、運のよい人がかなり勝ち続けている状態にあり、ほんの少し運の悪い人は徹底的に負け続けている状態にあって、しかもそのリードがめったに変わらないという現象は、**ごく日常的に発生する**ものなんです。

大数の法則は誤解されてるんです

大数の法則がもつ意味は、広く誤解されています。コインを投げる回数が多くなればなるほど、表と裏の出る頻度は、理論どおりの確率というものに近づいていきます。しかし、ぴったりと半々になるわけではなく、試行回数が多くなるほど、〝不運〟というものも目立って発生してくるんです。

かなり衝撃的な例を述べてみましょう。

■二万回のコイン投げをおこなって、一方がそのすべて、つまり二万回の間リ

ードし続けているほうが、両方がちょうど半分ずつ、すなわち一万回ずつリードしている場合よりも、ほぼ「八八倍」も起こりやすいです。

■リードが変わる、いちばん確からしい回数は、「ゼロ」です。よりくわしくいいますと、リードがまったく変わらないほうが、一回変わるよりも起こりやすく、リードが一回変わるほうが、二回変わるよりも起こりやすく……というふうになります。

悲惨なのは、ほぼ互角で戦っていたはずの、選挙の立候補者といった人たちです。宿命のライバル、オモテダ氏とウラダ氏が戦うという、架空の選挙を考えてみましょうか。

オモテダ氏とウラダ氏の人気は、まったく伯仲《はくちゅう》しています。選挙前の予想では、どちらが勝つかさっぱりわかりません。それぞれの陣営は、うちの勝ちに決まっていると考えました。

この選挙が、もしもランダムウォークという確率過程によっておこなわれるなら、彼らの人気が選挙民を完全に二分するものだったとしても、結果に大きな差が生じることがあります。しかも、開票中のほとんどの時間において、一方の候補者側の優勢が続くといった、悲惨な結果が起こってくるかもしれないのです。

もちろん現実の選挙では、最終得票数が当落を決めます。しかし、途中経過で〝当確〟となったはずの候補者が落選したり、選挙前のサンプル調査と得票結果が思わぬ食い違いを見せた、などの場合には、ここで述べた理論がイタズラしていることがあります。候補者にもマスコミにも、心臓に悪い〝酔歩〟というわけです。

両候補者が同票数になるという「タイ」の回数は、ほぼ「時間の平方根」に比例してしか増加しません。つまり、オモテダ氏とウラダ氏が戦う選挙区が大きくなればなるほど、劣勢な側が挽回するチャンスというのは、まれにしかまわってこなくなります。

■一万回のコイン投げで、タイになる回数のメジアン（中央値）は約六七です。しかし、一〇〇万回のコイン投げでは、その値は約六七四に増加するにすぎません。そして、タイを繰り返す典型的な〝波長〟は、約一五〇から、約一五〇〇へと増加します。

図9　マーフィーの法則を〝証明〟する「逆正弦法則」

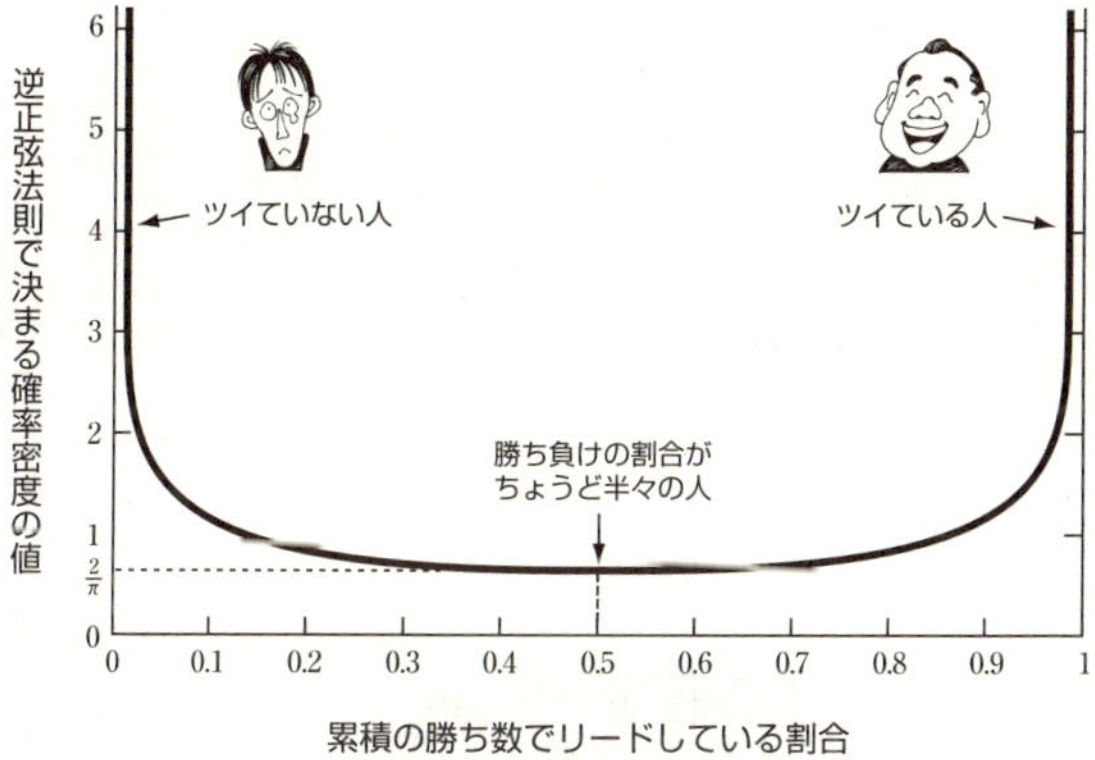

「逆正弦法則」という高度な定理によれば、多数回のコイン投げでは、表の回数と裏の回数とがちょうど半々になるというのが、最も起こりにくいのです！

その確率密度の値は、理論上は「$\frac{2}{\pi}$です（計算するのはむずかしいです）。そして、最も起こりやすいのは、表がリードしっぱなしか、あるいは裏がリードしっぱなしという場合なんです。

図9に逆正弦法則のグラフを示しておきましょう。コイン投げが無限回になっていきますと、リードの確率は、表あるいは裏の絶対的優勢へと、両端で〝発散〟する結果となるんです。

このグラフが何を表しているか、おわかりいただけるでしょうか——何を隠そう、**マーフィーの法則を〝証明〟しているん**です！

すなわち世の中では、ほとんどの人は、長い人生のうちに、「ツイている人」と、「ツイていない人」に二分され（図の最右と最左）、「勝ち負けちょうど半々の人」（図の中央、0・5の位置）は非常に少なくなるということです。

3 人生は不幸せにこそ意味がある？

不幸せこそ人生です

この理論と、前章で述べたゼロ和ゲームの議論とをつき合わせますと、たとえ**ノイマンの混合戦略に従っても、ときによると、とんでもない大負けをする**ことがおわかりいただけるでしょう。確率を操る〝神サマ〟は、不運な人間にはかならずしも味方してくれないんです。

ノイマンの理論どおりだと、二割四分の打率をとれるはずのバッターがいたとします。しかし、〝絶〟不調で、大スランプにおちいるかもしれません。彼の打率が二割を切って落ち込んだとしても、それはかならずしも実力低下のせいではなくって、ただ不運だったためかもしれないのです。

この種の不運は、これまで〝パウリ効果〟や〝グレムリン〟の存在として言い伝えられてきましたし、マーフィーの法則とその無数の発展形としてまとめなければなりませんでした。実世界で普遍的な現象であって、ぼくたちの日々の生活を悩ませてきた現象なんです。

トルストイの『アンナ・カレーニナ』は、次のような言葉で始まっています――

幸福な家庭というのは、どこでも同じようなものだが、不幸な家庭というのは、それぞれに不幸である。

不幸でなければ、感動のドラマは生まれないわけです。失恋したら、人間は詩人になれますし……。一方、幸福を昇りつめてしまった人は、あとは下り続けるだけだとでも考えるしかないでしょうね。

また、幸福というのは、対極に不幸があるからこそ感じられます。(一部の)辞典でもそう定義していますよ。

幸福［名詞］　他人の不幸を眺めることから生ずる気持ちのよい感覚

（A・ビアス『悪魔の辞典』）

というわけで、人生でもゲームでも、実は不幸な人こそが主役なんです。

ゲームで負ける人がいなければ、ラスベガスもモナコもマカオも、経営が成り立たなくなって、享楽的で目もくらみそうな場所が、世界中から消え失せてしまうことでしょう。

プロ野球のあるチームが、全試合に勝っていたのでは、ファンは野球など観なくなってしまうでしょう。

また、競馬で全出走馬が鼻の差なしの同着では、賭けが成立せず、馬券を買って儲ける人がいなくなってしまいます。

なにしろ、ゲームで負ける人がいないと、勝つ人はちっとも楽しくないのです。そういうわけで、負ける人というのは、ゲーム（や人生）では必要不可欠になってきます。

ゲームを成立させるためにも——（あなたは？）せっせと負け続けなければならないんですよ！

つまり、負けが込んできたとしても、そのくらい余裕の気持ちでかまえてくださいということです。あなたの力不足ではなくって、ほんのちょっと運が悪かっただけかもしれないんですからね。

マーフィーの法則は〝証明〟されました

マーフィーの法則は、すでに逆正弦法則によって〝証明〟されたわけです。ぼくたちは「マーフィー学」といってもよいほどの高みに到達していることになります。

大不幸、大不運、大災難、大敗北のたぐいは、たしかにこの〝宇宙の法則〟に従っています。この法則は避けようもなく日常茶飯事です。

きょう買ったばかりのコーヒーカップにも、道ばたの石コロにも、裏返しのトランプカードにも、仲のよいガールフレンドにも潜んでいて、突然、その恐ろしい(?)キバをむくものなんです。

しかも、それらの不幸せは、人生に必須であるということを、ぼくたちは知りつつあります。不幸せなくしては、人生は楽しくない、というテーゼ(主張)が、ぼくたちの〝哲学〟としても得られたわけです。

このテーゼのもとで、本章の主定理を、マーフィーのジョーク風にまとめておきましょう——

第六定理（ゲーム社会のマーフィー学定理）
1　大不幸、大不運、大災難、大敗北は、〝宇宙の法則〟に従う。
2　〝宇宙の法則〟はあなたを支配している。
3　もう不幸せからは逃げられない！

■第六定理の系
不幸せなくしては、人生は楽しくない。

■第六定理の論理的帰結
あなたは不幸せである（?）。

マーフィーの法則とその種々の派生形は、この第六定理から導かれる主張を、さまざまに言いかえている、とみなしてもよいわけなんです。
だから——絶好のチャンスは最悪のタイミングでやってきます。起きてほしくないことほどよく起こるものです。物事が順調なのは、いつかおかしくなるためなんです。遅かれ早かれ、最悪の状況が必ず起こります。あまりに最悪なので、それ以上悪くなりようがない、ということはないんです……。

このようにマーフィーの法則は、人生と数学の真理とその哀歓を表現しているんです。おわかりいただけましたか？

こんなにも不幸せな状態におちいりやすいとわかったとしたら、逆に**「少しの幸せ」**でも大事にして感謝するという姿勢が、心の中に生まれてくるのではないでしょうか。

丁半バクチにおける究極の妙手とは？

さて、不幸せな人のまわりは障害だらけです。宝クジなどには当たらないし、確率半々のギャンブルでも負けてしまいます。ところが、不幸せで貧乏な人ほどギャンブルにのめり込んで、ますます借金を大きくしてしまったりします。

例4・9 確率半々のゲームは公平？

丁半バクチやコイン投げのように、確率半々のゲームは、だれに対しても公平なんでしょうか？
うんとよく考えて答えてくださいね。

実は、丁半バクチは、「金持ちに有利」なんです。最も有利なのは、「胴元」です。そして、どうしようもなく「不利」なのが、「貧乏ギャンブラー」ということになりますよ。

意外でしょう。勝敗の確率が半々なんですから、これほど平等なゲームはないように思うのに、それでも貧乏人には不利なんです。

ギャンブルがどの時点で終わるか、それを考えていただきましょう。そうすれば、貧乏人の不利さがわかります。

時間切れで終わるというのもあれば、かなり勝ったので手仕舞うということもあります。しかし、最も多い終わり方は、「元手が尽きて、泣く泣く終わる」というパターンではないでしょうか。この「元手が尽きる」というのが、ギャンブルで最大の落とし穴なんです。

限られた資金しか持たずに、丁半バクチに挑めば、長時間やっているうちに、いつかはその資金を全部スッてしまうような局面がやってくるものです。しかも、その時点で、彼はゲームを降りざるをえなくなります。

■ギャンブル破産の悲観論
元手がなくなったとき、ギャンブラーはいつも最悪の状態で終わる。

■ギャンブル破産の楽観論
ギャンブル破産するだけですんだら、まだマシなほうだ。

丁半バクチというのは、胴元に払うテラ銭のことを考えなければ、胴元にとっても賭け手にとっても、本来はフィフティ・フィフティの勝負のはずです。しかし、実際には、**常に胴元に有利**なんです。

なぜかというと、次のように考えればわかります。つまり、小さな金額でバクチをするギャンブラーたちは——片っぱしから破産していくんです。

彼らは損得半々の状態にい続けることは、けっしてできません。先ほどのランダムウォークの現実が、それを示していますよね。

すると、小さな資金しか持っていませんと、いつかどこかの時点で破産することになってしまいます。そういう人たちが続出します。

実は、その分、胴元は勝ちにまわることができるんです。テラ銭を取らなくても、資金量さえ十分に多ければ、破産した人の分だけ、資金の多い側はより有利になってしまいます。

たとえば、もしも**元手が無限にあれば**、丁半バクチには、究極の〝妙手〟が存在しますよ。

例4・10　丁半バクチの必勝法

1　丁半バクチで一回負けたら、次の回には賭け金を二倍にします。
2　またも負けたら、さらに二倍にします。そしてこの戦法を続けます。
3　いつか一回勝ったとき、あなたの収支は必ずプラスです。

ためしに、最初は一万円賭けたとしてみましょう。これで負けたら、次は二万円賭けます。またも負けたら、次は四万円賭けます。それでも負けたら、次は八万円。ここまでやってダメなら、エイ、一六万円……。

この時点で勝ったら、めでたく元金一六万円プラス儲け一六万円が入ってくるわけです。あなたが損をしていた額は、一万円＋二万円＋四万円＋八万円＝一五万円。すなわち、一五万円の損をしてから、一六万円の儲けが戻ってきたのだから、差し引き一万円の儲けです。

この戦法で賭けると、勝ったときには、いつもたった一万円の儲けしか得られません。しかし、必ず勝てることだけは確実なんです。ただし――必要な資金量は、いくらでも大きくなっていきます。きちんとした計算はたいへんですが、ごく単純な目安の計算だけをやってみましょう。

一〇回連続で負ける程度なら、二〇〇〇万円程度の資金を持っていれば、大丈夫です。そんな負けはまれですが、単純計算では一〇〇〇回くらいの勝負を繰り返すと、ほぼ確実に、こんな連続負けが起こります。さらにのめり込んで、二〇〇〇回程度の勝負を繰り返すと、一一回連続負けといった状況も発生するでしょう。これに対処するには、四〇〇〇万円程度の資金が必要です。

もう一歩踏み込んで、四〇〇〇回程度の勝負をおこなうと、ほぼ確実に、一二回連続負けに遭遇するでしょう。資金は八〇〇〇万円程度持っているべきです。

これほどの資金を持っていても、一回勝つたびに、差し引き一万円ずつ増えていくだけです。それでも四〇〇〇回の勝負では、そのほぼ半分で勝つはずですから、

累計で二〇〇〇〇万円ほどの勝ちになっていることでしょう。

ただし――もしも資金が有限で、八〇〇〇万円しか持っていなかったら、不運はいつかやってくるものなんです。いえいえ、ひょっとすると、究極の不運では、最初の一三回の勝負に連続負けして、さっさと元手がゼロになってしまうかもしれない、というわけです。

一般に、この**例4・10**の戦法は無謀です。ゲーム理論の研究家がけっしておすすめしない戦法なんだ、と申しあげておきましょう。ギャンブルをする場合、もっとおだやかに参加されるのがよいでしょう。

みんなで不幸せを見直そう

貧乏であるほど、ギャンブルでは破産しやすくなる、と少しはおわかりいただけたでしょうか。貧乏な人は損ですね。なかなかお金持ちになれないんです。

一方、お金持ちであれば、儲かるチャンスも多くなってきます。この原則というのは、ギャンブルだけにかぎりません。

持てる者はますます富み、持たざる者はますます貧しくなる――というのが、人間世界では普遍の原則になりがちです。その一端を、ギャンブルなどを例にしながら、本格的に見ていきました。

しかし、幸せだけが人生の望ましい要素というわけではありません。**不幸せを乗り切ることも**、きわめて大事なんです。

人間には幸福のほかに、それとまったく同じだけの不幸が常に必要である。

（ドストエフスキー『悪霊』）

負けてばかりいるというあなた、不幸せを見直し、不幸せが人生にもたらす意味を再考してみるのもよいでしょうね。

不幸せは、あなたを強くします。幸せよりも、もっともっと学ぶものが多いんです。不幸せはあなたをうんと磨きあげますから。

ぜひ、不幸せに負けないでください。この章で証明したとおり、不運な側のプレイヤーは、五人に一人の割合で（勝者も含めると一〇人に一人です）、年に一〇日も勝っていないというのが、コイン投げの結果でした。九日足らずしか勝っていないんですからね。

そういう人は、非常に多いということです。コイン投げには、「人生の縮図」があります。運命の法則がひそんでいます。たったこれっぽっちの不幸せで悲観するなんて、そういう人は弱気すぎますよ。

ただ、ぼくたちが、真正の不幸せというものの実感を失ったのも、事実です。アフリカの難民たちの飢えも知りませんし、就職にあぶれても親のスネをかじれます。破産しても、生活はたいして変わらないような、この〝豊かな社会〟に住んでいて……。

というわけで、ぼくたちは、おだやかな世界にすっかり慣れ親しんでしまいました。戦国乱世でもなければ、全土が不毛化してしまった時代というのでもありません。カオスのスープから生まれたはずの世界は、いまやほとんど定常化し、ある意味で、とても退屈なんです。

だから、勝てるはずのゲームで、どういうわけか負け続けたり（逆に、勝機のまったくないはずのゲームで、偶然にも勝ったり）、理不尽なほど不運が続いたり、そういうカオスも存在するからこそ、人生が少しは楽しくなるのではないでしょうか。

勝てるはずのゲームで負ける、という確率論の不思議は、日常生活の香辛料の一種でしょうね。やはり、せいぜい楽しんでみようではありませんか。

そこにはある種のカオスがあるけれども、ぼくたちはそれでも陽気でいられます。しばしば不幸せにおちいることは、数学で〝証明〟されたんですし、もうだれも恨まないですみます。もちろん、自分自身を恨む必要もないんです。

待ち続けていた電話は、部屋を出た瞬間にかかってきます。そのとき、ペンがあっても、メモ用紙がありません。メモ用紙があれば、ペンがないんです。いいや、ペンもメモ用紙もあれば、伝言がなかったりします。もっと危機的状況――それは、その電話で「すべてなかったことにしよう」と言えないとき……。

あなたはふだん、運がいい？　それとも悪い？　ほんとは悪いということを、実は隠していたのではなかったですか⁉

第5章

「絶体絶命のジレンマ」を克服せよ！

1 「囚人のジレンマ」ゲーム

黙秘すべきか自白すべきか

さて、この章では**ゲーム型社会の典型的な特徴**を示すために、別のゲームをやってみましょう。それは、ゲーム理論で取り扱われるなかでも、最も有名なゲームの一つである**「囚人のジレンマ」**と呼ばれるものです。ジレンマとは、どうしようもない板ばさみ状況のことです。

例5・1　囚人のジレンマ

事件の犯人であるに違いない二人、AとBが逮捕されました。彼らは共犯である可能性がとても高いんです。この二人の囚人は、留置場の別々の部屋に入れられ、互いに情報をやりとりすることができない状況に置かれました。

検事は二人に、「黙秘する」というのと、「共犯を自白する」という、ただ二つの方策があることを告げました。国によって（アメリカなど）は、共犯者の一方

表7　黙秘すべきか自白すべきか……。それぞれの量刑

囚人A＼囚人B	黙秘	自白
黙秘	A：2年 B：2年	A：10年 B：0年
自白	A：0年 B：10年	A：5年 B：5年

だけが共犯を自白すると、彼は減刑され、もう一人の被告は刑を重くされる、という制度が存在します。この国でもその制度が採用されていたのです。

検事は、量刑を示す紙を広げました。それは簡潔な表の形にしてあり、各人の懲役年数が表７のように記されています――

さて、あなたが不幸にも囚人Aだったら、黙秘と自白のどちらを選ぶでしょう。量刑は四とおり考えられますよ。

1　二人とも黙秘していれば、懲役年数は二年ですみます。

2　あなたが自白し、Bが黙秘すれば、あなたの懲役は〇年、すなわち釈放されます。

3　逆に、あなたが黙秘し、Bが自白すれば、あなたの懲役年数は、一〇年に延びるのです。

4　二人とも自白すれば、懲役年数は五年です。

この問題、どう解くんでしょうね。刑が軽い順に並べれば、〇年、二年、五年、一〇年です。当然ながら、刑は軽いほうがいいに決まっています。

だったら、仲間のBが黙秘することを期待して、あなたは自白するほうを選ぶでしょうか？　しかし、Bもまったく同じように考えて、もし自白してしまったとしたら、あなたの懲役年数は五年になってしまうんです。

それなら、よく考えてみれば、あなたが黙秘し、Bも黙秘してくれれば、二人の懲役年数は、それぞれ二年ですみますし……。

問題は、あなたとBとが、まったく相談できない状況に置かれていることです。互いに独自に、この決定をおこなわなければなりません。そのとき、二人とも、ジレンマ状況におちいってしまいます……。

「優越戦略」を選んだのに……

簡単そうでいて、ややこしいゲームなんです。ちょっと頭を整理してみましょう。

まず、Bが断固として黙秘する場合を考えて、あなた（A）の懲役年数を計算してみます。

●Bが黙秘する場合
あなたが黙秘……懲役二年
あなたが自白……釈放
したがって、自白のほうが有利です。

一方、Bがどんどん自白してしまう場合も想定して、あなたの懲役年数を計算してみましょう。

●Bが自白する場合
あなたが黙秘……懲役一〇年

あなたが自白……懲役五年

したがって、この場合も、自白のほうが有利なんです。

というわけで、方針は決まりました。

■Bがどんな態度をとろうと、あなたは自白するほうが有利なんです。

これは、いかにも正しそうな結論に見えます。検察側がこの論法で説得すれば、あなたは自白せざるをえなくなるでしょうし、自分で考えても、そのように思えてくるでしょう。

このように、相手の打つ手にかかわらず、自分にとっては「自白」のほうが「黙秘」よりも常に有利であるとき、「自白」という戦略は、「黙秘」という戦略に**「優越」**しているとか、それを**「支配」**しているといいます。優越戦略は、選ぶべき戦略として、「絶対優位」なんです。

Bの側も、**自白が優越戦略である**ことに気づくでしょう。だったら、彼も自白するはずです。

ところがその結果、二人とも「懲役五年」になってしまうんです！　ここが二人の困ったジレンマです。二人とも、自分に有利な手である優越戦略を選んだはずなのに……

■優越戦略でない「黙秘」を、二人ともが選んだほうが、懲役年数が少なくてすみます。

すなわち、二人がどちらも黙秘すれば、懲役年数は二年ですむんです！　このジレンマにおちいる結果、二人は、検察官とにらみ合ったまま、長い時間を過ごさざるをえないことになりました。

とかく、世の中というのは、ままならないものですね。

原油生産競争のジレンマ

この二人がジレンマにおちいって考えこんでいるころ、遠いC国とD国でも、互いに相手国の出方がわからぬまま、原油生産量についての決断が迫られていました。別のジレンマの例ですよ。

表8　原油生産量と利益の関係

	D国の日産量 100万バレル	D国の日産量 200万バレル
C国の日産量 100万バレル	C：10 D：10	C：7 D：14
C国の日産量 200万バレル	C：14 D：7	C：8 D：8

（表中の利益の単位は100万ドル）

例5・2　原油生産のジレンマ

C国とD国とが、日産量一〇〇万バレルという協定を守っていれば、生産コストを差し引いても、一バレル当たり一〇ドルの利益を得ることができます。

しかし、両国とも、財政状態がかなりピンチだったので、抜け駆けして、日産量二〇〇万バレルに上げたいと思っていました。

自分の国だけが抜け駆けできれば、市場の原油価格は多少下がるものの、一バレル当たり七ドルの利益を確保できます。

ただ、両国ともが、日産量二〇〇万バレルに上げてしまえば、原油の市場価格は暴落し、利益は一バレル当たり四ドルになってしまうでしょう。

両国の利益を表にしてみました（表8）。

では、両国はどんな決断をすればよいのでしょうか？

このゲームが囚人のジレンマと同じ状況であることに、両国ともに気づきました。相手国がどう出ようと、自国にとっては、日産量二〇〇万バレルが優越戦略です。七ドルかける二〇〇万バレルで、毎日一四〇〇万ドルの利益です。

しかし、C、Dともに日産量二〇〇万バレルに上げると、利益は毎日八〇〇万ドルにすぎなくなります。

これなら、両国が一〇〇万バレルずつにとどめておいたほうが、毎日の利益は一〇〇〇万ドルだから、有利なんですが……。

「誠実」と「浮気」のゲーム

さらにもう一問やっておきましょう。そんな人間たちの迷いなど知らぬげに、南洋の孤島に棲《す》むオロオロ鳥（ホロホロ鳥ではなく、架空の鳥）たちは、何百万年もの間、聖なる求愛行動のゲームを繰り広げてきましたよ。

例5・3　オロオロ鳥の恋愛ゲーム

オロオロ鳥は、オスもメスも、「誠実」か「浮気」かの、どちらかの行動を選び

表9　オロオロ鳥カップルの子孫繁栄戦略は……

		メス 誠実	メス 浮気
オス	誠実	オス：10 メス：10	オス：5 メス：20
オス	浮気	オス：20 メス：5	オス：7 メス：7

ます。

誠実なカップルどうしなら、立派な巣をつくり、生涯に平均一〇羽のヒナを育てられます。

しかし、一方が浮気をすると、浮気した側はせっせと子づくりに励むので、生涯に平均二〇羽の子孫を残せますが、他方は、パートナーがあまりそばにいてくれないものだから、自分の子孫を平均五羽しか残せなくなります。

とはいうものの、両方が浮気っぽいと、ヒナの世話がすっかりおろそかになるので、自分の子孫を平均七羽しか残せないんです。

この状況を表にすると、表9のとおりです。

さて、「誠実」か「浮気」か、どちらを選ぶべき？

このゲームの場合も、オス、メスともに、「浮気」が優越戦略です。しかしそれにもかかわらず、誠実なカップルどうしのほうが、浮気なカップルどうしよりも、子孫を繁栄させるためには有利なんですが……。

2 ジレンマ・交渉・ドンデン返し

経済学や生物学や公害問題でも

四人のジレンマというのは、いかにも人工的につくったゲームに見えたかもしれません。しかしこのゲームを、原油生産や、生物の繁栄戦略などに置きかえてみると、（かなり単純化されているものの）現実世界のもっともらしいモデルになっている、と気づかれたのではないでしょうか。

たとえば、季節野菜など、市況に敏感な作物の場合、二割か三割も作りすぎれば、市場価格は半値以下に暴落しますし、逆に二割か三割も少なければ、市場価格は二倍以上にも暴騰します。だから、こういう問題というのは、経済学分野でおおいに注目されることになるんです。経済学上の問題を、ゲームとして研究する学者が多いんです。

同様に、生物学においても、生物は自己の遺伝子をできるだけ残そうとして、利己的にふるまおうとする、と考えられています。リチャード・ドーキンスなどの

「利己的遺伝子」という考え方です。このように利己的にふるまう生物どうしでは、自分の利益（この場合は子孫の数）を最大にしようとゲームがおこなわれているのだ、とみなすことができるんです。したがって、生物学にも、ゲーム理論が適用されるようになってきています。

実際、イギリスのジョン・メイナード - スミスさんは、生物の進化ゲーム理論を研究してきました。そして、二〇〇一年の「京都賞」（京セラの創業者である稲盛和夫さんが創設した賞です）を贈られました。なんと、賞金五〇〇〇万円の賞ですから、ノーベル賞級の評価ですね。

また、同じような考え方は、地球の資源が有限であるとか、地球の環境浄化能力が限られている、という前提に立ったときに、公害問題や環境問題などにも翻訳することが可能なんです。

自分だけが湖を汚染させているなら、自然の浄化能力のほうがまさっています。しかし、みんなが汚染させはじめたら、そこはやがて死の湖になってしまいます……。環境問題というのは、人類にとっての大きなジレンマなんです。

「協調」や「裏切り」がつきまとう非ゼロ和ゲーム

囚人のジレンマは、「非ゼロ和ゲーム」になっています。つまり、片方が勝てば、もう一方が必ず負けるといったような、勝ち負け相殺のゲーム設定にはなっていないんです。

ゼロ和ゲームでは――野球の対決で述べたような――「混合戦略」によって、最良の戦い方を決めることができます。すなわち、確率的にふるまえばよいのです。しかし、非ゼロ和ゲームの場合には、そんなうまい方法は一般に存在しません。ツェルメロの定理（覚えていますか？）では、プレイヤーのどちらかに必勝戦略が存在すると述べています。これはゼロ和ゲームに関するものでした。しかし、非ゼロ和ゲームになると、とたんに問題がむずかしくなってきて、一筋縄ではいかなくなるんです。

この本の最初のほうでご紹介した「ムカデのゲーム」も、実は、非ゼロ和二人ゲームです。戦っている二人が、ゲームの最後まで行き着けば、それぞれ一〇一ドルずつ手にすることができます。しかし、ゲームの最終手番から逆向きに推論していけば、結局、二人とも一ドルずつしか手に入れられない？　そんな不条理なゲーム

図10 「ムカデのゲーム」で“交渉”は成立するか……

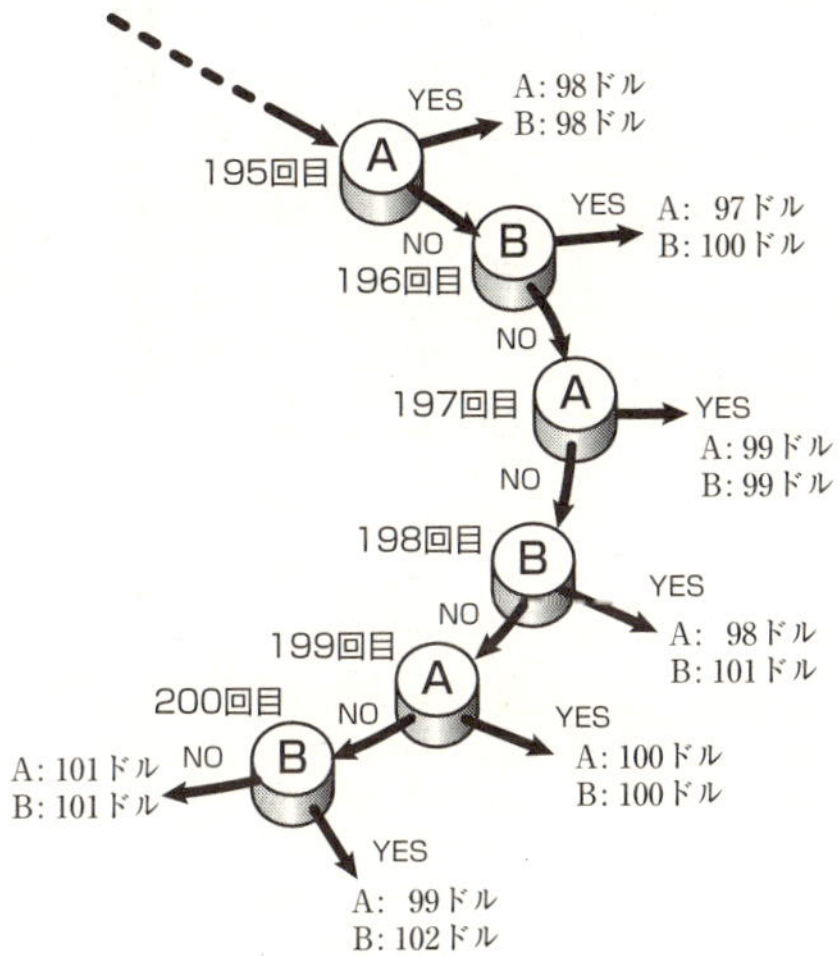

でした。

ところで、ムカデのゲームで、A君がB君との交渉に入ったとしましょう。もう一度、図で終局の場面をごらんください（図10に再掲しました）。

例5・4 「ムカデのゲーム」における交渉

「ね、最後の回までノーと言ってくれれば、一ドル余分にあげるよ」

A君の提案では、最終回に二人が一〇一ドルずつもらったところで、A君はB君に一ドルだけプレゼントします。そして、自分の取り分を一〇〇ドル、B君の取り分を一〇二ドルにしようというのです。

B君はあいまいにうなずきながらも、もっと取れないか、としきりに考えていました。

「それもいいけどさ、一ドル五〇セントくれないかい。最終回にぼくがイエスと言ったら、きみは九九ドルになっちまうんだ。それよりはマシだろ」

「おいおい、ぼくの取り分は、九九ドル五〇セントかい？　きみは一〇二ドル五〇セントだってのに……」

「そうさ」

「だったら、ぼくは最終回の一回前に、イエスと言って、一〇〇ドルもらってしまうぞ。それじゃ、きみだって、一〇〇ドルしかもらえなくなるんだからさ」
「待て、待てよ。じゃあ一ドルでいいよ。そのかわり、最後まで裏切らないこと。約束だぞ」

もしこの約束が信じられるものだったら、二人は最終回まで到達し、A君は一〇〇ドル、B君は一〇二ドルを手に入れるでしょう。

しかし、もしどちらか（とくにA君）が裏切ったら？　A君の利益は一〇〇ドルのままで、B君も一〇〇ドルしか得られない、という場合が生じます。だとすると……、交渉はまだ続く可能性がないではないですが、まあこのぐらいにしておきましょうか。

教訓としては、**ほんのちょっと相手に利益を提供して、「交渉」をおこなうだけで、ジレンマから抜け出せる可能性がある**こと。交渉ベタだったり、交渉など考えたことがなかった方は、頭の片隅にでも置いておいてくださいね。

要求される頭脳プレイ

いずれにしても、このように**交渉したり、報酬を渡したりして**、ゲームを有利に導こうとするのが、非ゼロ和ゲームの特徴なんです。

ゼロ和二人ゲームでは、一方の利益は、そのまま他方の損失にはね返ってきました。しかも**最良の混合戦略**というものを、数学的に求める理論が存在したのです。このようなゼロ和二人ゲームでは、プレイヤーどうしは、常に利害が対立していま す。したがって、互いに非協力的であり、交渉できる余地などまったくありませんでした。

しかし、非ゼロ和ゲームでは、プレイヤー間で協力しあったほうが、双方ともに利益が大きくなる場合が、しばしば生じてきます。協力しあったほうが得だ、ということになれば、プレイヤーは双方から歩み寄ってきます。非ゼロ和二人ゲームでは、こうして「協力型ゲーム」という考え方が生まれてくるのです。ここが、非協力型ゲームだけだったゼロ和二人ゲームとの相違です。

野球だとか、将棋だとかいった、対戦型ゲームだけに目を向けていれば、こんな発想はなかなか思いつかなかったはずです（八百長は例外ですが）。しかし、ビジネスだとか、国際政治だとか、環境問題だとか、そういったさまざまな対象もゲーム理論で考察しはじめると、協力型ゲームという発想は、ごく自然に生まれてくるのです。

しかも、それだけではなくて、相手を脅迫したりとか、利益の一部を分け与えたりといった方策も、ゲームの戦い方になりえます。あるいは、もっと巧みな頭脳プレイなどが、ゲームの戦略に組み入れられてきたりしますよ。

電気自動車の開発競争

非ゼロ和ゲームの生臭さを少々実感していただくために、ここでは実際の国名を使って、現実となるかもしれないゲームをためしてみることにしましょう。日米間での「電気自動車の開発競争」という架空の問題を想定し、非ゼロ和ゲームを繰り広げてみるのです。

例5・5　電気自動車の開発競争

もし電気自動車の開発に成功すれば、将来、有望な新産業のリーダーシップを握れるでしょう。しかし、日米ともに、現時点では開発コストが膨大であり、よほどの決断が必要です。

事態は、勤勉だがゲーム下手の日本に、有利に展開しそうにみえました。しかし、ゲーム巧者のアメリカは、あの手この手で攻めてきます。

その両国の事情というものを、矩形ゲームとして表現してみましょう。表10をご覧ください。

日本の立場では、開発規模を大きくしたいと思っています。日本が大々的に開発し、アメリカが追従しなければ、電気自動車の市場を日本がほとんど握れますので、これが日本にとって最良です。

しかし、開発規模が小さいのは、それなりによい面もあり、成功するかどうかわからないプロジェクトに命運を懸けるよりも、今の状態を保っているのも安全です。

とくに、アメリカではその傾向が強くて、日米両国とも開発に消極的な場合を、アメリカにとって最良、と考えています。

そして、両国ともに最悪なのは、互いに泥沼の大規模開発競争におちいり、開発コストばかりがかかっているのに、過当競争の結果、製品で利益を回収できないようになる場合です。

表10　日米による電気自動車の開発ゲーム

日本の開発規模＼米国の開発規模	小	大
小	日：良 米：最良	日：悪 米：良
大	日：最良 米：悪	日：最悪 米：最悪

はたして、この勝負、どちらに有利に展開するんでしょう？

この非協力状況で発生する損失は、囚人のジレンマとよく似た構造です。ただし、問題の設定は、囚人のジレンマとはやや異なっています。かならずしも、両者がジレンマにおちいってしまうわけではないんです。

さて、日本企業もこのごろは少しはゲーム理論の勉強をして、地球規模のゲーム社会に慣れてきていました。だから、このゲームの状況を見たとたん、即座に「日本有利」と判断しました。なぜなら——

●日本の開発規模が小さいとき
米：自国が小なら最良、自国が大なら良……だったら米は小を選ぶだろう

●日本の開発規模が大きいとき
米：自国が小なら悪、自国が大なら最悪……だったら米は小を選ぶだろう

すなわち、日本の開発規模が小さかろうと、大きかろうと、アメリカにとっては、自国の開発規模が小さいほうが有利なんです（優越戦略です）。だったら、日本がどんな方針をとろうとも、アメリカは開発規模を小さくせざるをえませんね。

この分析の結果、日本の方針というものがおのずから決まってくるのです。

●日本は開発規模を大きくするのがよい。その結果、日本に最良、アメリカに悪、という結果に落ち着いてくるはずである！

これは、日本にとって、とても有利です。日本側は最善の結果を得られ、アメリカ側はかなり悪い結果に甘んじなければならないのです。なんだ、日本が必勝のパターンではありませんか。

こんなふうな、勝つはずのゲームに負けるというのは、ありえないと考えるでし

ょうか？　もしそう考えたなら、あなたはゲーム社会の国際関係や人間関係というものを、まだまだ甘く見ているんですよ。

アメリカ側は、起死回生の「逆転策」を用意していました。ドンデン返しによって、アメリカにはまだ勝機が残されていたのです。

先制攻撃は最大の防御です

あなたがアメリカ側だったら、このゲームでどう対戦するでしょうか。え、まだアメリカが勝てる？　まさか……。

ところが、アメリカの三大自動車メーカーは、商務長官を通じて、たった一行の声明を発表してきました——

「わが国は、他国の行動にかかわらず、電気自動車を大規模に開発する」

この声明が、日本の自動車メーカーに伝わったとたんに、大きな衝撃を与えたのです。なぜかということは、ほんの少し考えていただくだけでわかります。

アメリカが開発規模を大きくしてしまうと、日本側は、表10の右側一列だけで、

行動を選択しなければならなくなるはずです。その結果、

●日本の開発規模が小ならば……日本にとって悪

●日本の開発規模が大ならば……日本にとって最悪

さあ、どちらを選ぶべきでしょうか？　まだしも日本の開発規模を小さくしておくほうが、日本にとっては得策なんです。

アメリカの逆転策は、日米の立場をすっかりくつがえしてしまいました。

●日本は開発規模を小さくせざるをえません。その結果、日本に悪、アメリカに良、という結果に落ち着いてくるはずです。

たったひとこと述べただけの先制攻撃が、アメリカ側にとって最高の防御策となったんですね。

これは、いまは架空のゲームにすぎないですけれども、実際の国際関係では、日々、複雑怪奇な交渉が繰り広げられています。ということは、これと似たような

状況がときどき起こっているのかもしれない……というわけです。ゲーム社会は甘くありませんよ。

3 目には目を、誤解には誤解を!?

囚人たちの戦略コンテスト?

非ゼロ和ゲームは、ゼロ和ゲーム以上に不条理とパラドックスに満ちています。電気自動車開発のケーススタディーを見ただけでも、ゲームの戦い方には巧拙《こうせつ》がある、ということをおわかりいただけたでしょう。

実際、囚人のジレンマをどう戦うか、という問題についても、ゲーム理論は明快な解答を出せていません。学者それぞれによって、見解はさまざまに異なっているといってよいのです。この問題には、**永遠に解が存在しないも同然**なんです。

囚人たちとしては、どんな戦略をとるのが最も有利なのか、ということで、実証的な実験やコンテストがおこなわれてきました。実験といっても、もちろんほんとうに囚人たちを集めるのではなく、学生がプレイヤーになったり、コンピュータプログラムどうしが対戦したりするといった実験です。

以下では、問題の設定として、プレイはただ一回おこなわれるのではなく、プレイヤー間で多数回繰り返しておこなわれるものとします。本来の囚人のジレンマは、ただ一回限りのゲームですが、これをたとえば、五〇回繰り返したり、二〇〇回繰り返したりするのです。プレイヤーたちは、その間に、相手プレイヤーの戦略を見抜いて、自分の戦略を確立していくことができます。

簡単な戦略をいくつか並べてみましょう。

●協調戦略

常に協調する――つまり、常に黙秘するのです。裏切られて、相手に自白されても、耐え続けます。

●裏切り戦略

常に裏切ります。もし相手が黙秘し続ける協調戦略なら、相手をカモにできます。

●プッツン戦略

最初は協調して黙秘しますが、一度でも相手が裏切れば、そこでプッツンしてしまい、以後は永久に裏切り続けます。

●シッペ返し戦略

基本的に協調の姿勢で臨みますが、相手が裏切ったときだけ、こちらも裏切って報復するんです。相手が協調に戻れば、協調し続けます。

●仏の顔も三度戦略

協調の姿勢で臨みます。相手が裏切っても、三度までは許します。三度を超えると、シッペ返し戦略をとります。

●デタラメ戦略

コイン投げなどで、協調か裏切りかを決めます。毎回、どちらになるかは、まったく予想できません。

シッペ返し戦略が優勝！

コンピュータは、一度決めた戦略をいつまでも実行し続けてくれるので、再現性のある実験をおこなう場合には、きわめて都合がいいです。

有名な実験では、ロバート・アクセルロッドという人によるものがあります。彼は、四人のジレンマの「トーナメント」を実施し、コンピュータプログラムを募集しました。

すると、一四のプログラムが集まってきました。なかなか凝ったものが多かったのですが、いちばん簡単なものは、アナトール・ラポポートという人が応募した「シッペ返し戦略」、それもたった四行のプログラムでした。

アクセルロッドは、これにデタラメ戦略のプログラムを付け加え、計一五のプログラム間で、それぞれゲームをさせ、おのおののプログラムの累積得点を計算してみました。

対戦のさせ方は、総当たりのリーグ戦方式で、自分自身（！）とも対戦します。点数は、両方とも協調すれば三点ずつ、裏切りあえば一点ずつ、片方が協調し他方が裏切れば、それぞれ〇点と五点の得点としました。参加プログラムどうし、一試合二〇〇回のゲームを、五試合ずつおこないました。その結果、各プログラムを、獲得した総得点の順に並べてみたのです。

最も長いプログラムは、最初二〇パーセントの確率で協調し、あとは、相手が協調的か、裏切り的かによって、ゲームの一〇回ごとに確率を修正していくものでした。さらに、一三〇回を過ぎると、自分が負けている場合は、またも確率を修正するといった、かなり複雑な戦略でした。

ちょっと意外なことに、この長いプログラムは、ビリから二番で、ブービー賞になりました。そしてそれより弱くて、最弱のビリになったのは、デタラメ戦略。

晴れの優勝プログラムは何だったのでしょうか？　実は、大方の予想とは裏腹に、最も簡単なプログラムである**シッペ返し戦略が優勝した**のでした！　なんと意外な結果でしょうね。

この結果を公表したアクセルロッド自身も首をかしげました。そこで第二回のコンテストを実施してみました。今度は前の結果を知っている人たちから、全部で六二ものプログラムが集まってきたのです。これにデタラメ戦略を加え、計六三。試合のやり方も多少変更しました。ちょうど二〇〇回で試合を終えることにしておくと、最後のゲームが近づくと、いわゆる最後ッペ戦略をとって、勝ち逃げしようとすることがあるので、ほぼ二〇〇ゲームの対戦ですが、長さを不確定でランダムにしました。

まさか、今度もシッペ返しが勝つことはないだろう、と思っていたら――なんと、なんと、**またもシッペ返し戦略が優勝した**のです！

こんなにもシッペ返し戦略が強いのか、とみんながあきれました。

このコンテストは、結果の意外性のために、伝説的なものとなりました。あまり単純な戦略が優勝してしまったので、専門家がみんな拍子抜けしたのです。

アクセルロッドは、勝つ戦略は「紳士的」で、「憤慨」し、かつ「寛容」なものでなければならないと考えました。しかも態度がわかりやすくないといけません。

裏切りに対しては、ただちに報復しないと相手を増長させます。間をおいて報復していたのでは、相手が忘れてしまう傾向があるからです。

また、あまり複雑な戦略をとると、相手がこちらの手を読むことができなくなる、という欠点があります。すると、その戦略は、相手からデタラメ戦略と同じようにみなされ、協調を引き出すきっかけをつかめません。

そして、**寛容でない戦略どうしでは、互いに裏切り状態におちいってしまいやすい**ことがわかりました。寛容でない戦略というのは、長い期間の累積得点を競うには不利なんです。

みんなで協調しよう!?

アクセルロッドのおこなったコンテストは非常に有名なので、多くの本で紹介されています。注目すべきは、上位入賞したプログラムは、いずれも**協調を基本戦略としてとっていた**ことです。

また彼は、この実験結果をさらに補強するために、成績のよいプログラムは、コピーをつくって、だんだん〝増殖〟させていくという、進化論的な仕組みも組み込んでみました。すると、何世代も経過するうちに、やがてシッペ返し戦略がどんどん増えていきました。

ただ、彼の実験結果をよく分析してみると、試合の総得点では、たしかにシッペ返しプログラムが強いのですが、実は各試合を個別に見ると、シッペ返しプログラムは引き分けだったり、小差で負けているのです。

一般に、裏切りプログラムとの対戦では、シッペ返しプログラムは負ける傾向にあります。しかし、裏切りプログラムは、裏切り型の相手と戦ったときには、双方裏切りの連続となり、得点をあまり伸ばせないのです。その結果、総合得点では、協調型プログラムに敗退します。

一方、協調型のプログラムは、協調的な相手とゲームをしたときに、せっせと点数をかせぎます。この貯金のおかげで、最終的な総得点では、いつも上位につけてくるし、進化論的な仕組みのもとでは、子孫を増やすことができるんです。

こういう話をしていると、

「だから、世の中では、協調して生きていかねばならないのだ」

といった、道徳めいた教訓にもっていく人がいます。また、そういう論調で書いてある記事があったりして、このコンテストの結果は、わが国では特に人気がありま

す。しかし、協調は大事であるとか、協調しか戦略はありえない、という話になってくると、なんだかこの社会が窮屈な気がするし、変にキナ臭さまで感じてきます。

派閥、結託、談合は誰のため？

ゲーム理論というのは、**数学の一種**なので、もう少し冷静にながめてほしいと思います。協調はかならずしも善ではありません。

囚人たちに協調させるということは、二人とも黙秘することを意味しますので、それは当局側にとっては、なんら望ましいものではないということ。基本的な法体系では、囚人たちに協調させないで、自白を引き出そうとします。しかし、それでも黙秘されてしまったら、証拠不十分のまま、微罪で罰するしかなくなります。

似たようなことは、世の中でしょっちゅう起こっていて、変に協調する人たちばかりいる弊害を嘆く場合も多いのです。

協調といえば聞こえがよいが、「結託」といった場合には、ニュアンスが少々変わってきます。

「わしらは協調して仲よくやりましょうや」

「ふざけるな。あいつら、結託して、派閥ばっかりつくりやがって」

というわけで、「派閥」のない政治制度をつくることは、常に政界浄化の大きな眼目にもなっています。

また、同業者間で結託しあうことは、「談合」や、「秘密カルテル」に結びついていったりします。そうすると、企業は製品価格を高値に維持して、大きな利潤を得られますが、消費者は安く買えませんので、社会全体として、莫大な不利益をこうむることになります。自由競争のよさを知り抜いている経済社会では、カルテルを法律で禁じることになるのです。

そもそも協調というと、「利己主義」という概念とまったく正反対だとみなされがちです。しかし、ゲーム理論という体系は、どんな戦略をとろうと、プレイヤーは勝とうとして戦うのですから、すべての戦略は基本的に「利己主義」に基づいています。プレイヤーは全員エゴイスティックなんです。戦略が協調の形で現れたときも、そのほうが**利益を得られるから協調しているの**であり、やはり利己的です。

そうあからさまに指摘してしまうと、楽しく不幸せを考える本としては、ミもフタもないのですが、ほんとうの話なんですから、世の中というのはどうにも困ったものですね。

というわけで、ゲームという観点でこの社会をながめたときには、そこは無私の道徳とは無関係だという側面がかいま見えます。なかなかハードなのではありません。

人間的なるもの——裏切り、誤解

コンピュータプログラムは、ハードボイルドに徹しています（あるいは、まったく融通がききません）。しかし人間だと、かならずしもそうはいきません。

人間どうしが囚人のジレンマをプレイする実験では、プレイヤーたちは、ゲームが進行するにつれて、非協力的な傾向が強まったといいます。ゲームの途中から、互いにコミュニケートすることを許しても、その傾向は変わりませんでした。

ついには、ゲームのルールをうんと変更して、非協力的にプレイしていては、常に不利になる、というルールを設定しても、なおかつ非協力的プレイが支配的だったのです。

同様のことは、協調戦略が有利だ、というアクセルロッドの結果を知っている人たちの間でも起こります。経済学部の学生たちを使った実験などです。よい戦略というものを頭では理解していても、かなりの人たちが、ときどき裏切るという誘惑に勝てないんです。

人間の心は弱いものだし、ずっと協調し続ける、などという単調な戦略にはがまんしきれないらしいです。

ゲームには変化が必要。そうでないと、全然おもしろくないという人が多いのでしょう。たとえ悲惨な結果におちいるとわかっていても、とかく人間というものは、不幸を好む動物らしいのです。

付け加えておくと、ゲームの設定をほんの少し変えると、**シッペ返しより強い戦略**が出てきたりします。そういう実験もおこなわれています。

自分の手番の手が、「確率三パーセントで、誤って相手に伝えられる」という条件設定に変更してみましょう。自分は協調するつもりだったのに、誤解のために、裏切ったとみなされることがある、というルールです。現実社会では、かなり起こりうる設定というわけです。

このルールに変えてみると、シッペ返し戦略はボロボロになってしまいます。なぜなら、シッペ返し戦略どうしでは、いったん誤解が生じたとたん、ただちに裏切りが生じ、その裏切りがまた次の裏切りを呼び……というように、裏切りの泥仕合になってしまうからです。その結果、シッペ返し戦略の得点はひどく低くなってしまいます。

このように誤解が生じるという設定のルールで、いちばん強かったのは——仏の顔も三度戦略。ときどき誤解が発生するような、ごくごく人間的な環境では、すぐに報復するような気の短い人よりも、**もう少し気が長くて、ちょっと仏さまのようなプレイヤーが、勝者になる素質をもっている**ということです。

なにしろ、国際社会で「目には目を」という戦略が常態化してしまったら、それこそたいへんです。その結末はあまりに恐ろしいので、このフィクション的不条理の話だけではカバーしきれません。

囚人のジレンマのような、ごく簡単に見えるゲームでも、どんな戦略が最良かを決めるのはむずかしいです。アクセルロッドの仕事が有名になってしまったものだから、シッペ返しこそゲーム社会最高のルールと思い込んだら、早計であり誤解でしょう。これは、**「ルールに誤解をもち込む」**という方法で、くつがえされてしまいましたよ。

宿命的な諸定理

この章で述べた数学的事実から、三つの〝定理〟を導いておきましょう。かなり章が進んできたことでもありますし、より高邁《こうまい》（？）な〝哲学的定理〟（つまりジョークですが）にしておいてもよいでしょう。

つまり、この社会に潜む〝病巣〟に関する定理であって、ぼくたちが「いつも負ける」と嘆く原因でもあるんです。よくご理解ください。

もちろん、これまでに導いた定理のいくつかも、この章の話でその正当性がふたたび〝証明〟されましたよ。たとえば、第一定理（全員百両損の定理）は、囚人のジレンマにおいても成り立っていますし、第二定理（世の中は甘くない定理）は、電気自動車の例で別の形として現れています。

第七定理（ゲーム社会の宿命定理）
ゲーム社会の不幸せは、利己的人間という遺伝子レベルに組み込まれている。

第八定理（ゲーム社会の英知定理）
ゲーム社会の不幸せは、人間の理性や英知をもってしてもやっぱり歯が立たない。

第九定理（ゲーム社会の電脳定理）
未来のゲーム社会は、コンピュータによって、ますます便利になるが、かつ人間の不幸せの原因になる。

■マーフィーの法則の段階化
1　何かが起きても、失うものがないなら、気楽にいけ。
2　何かが起きても、うまくいくようなら、気楽にいけ。
3　何かが起きても、同じであるなら、気にするな。

■ストックメイヤーの定理
簡単に見えるものは、むずかしい。
むずかしく見えたら、どうやったって不可能だ。

■アリストテレスの金言
人は、不可能に見える可能性より、可能に見える不可能を好むべきである。

■アインシュタインの考察
数学の定理は、現実的であるほど不確かであり、確かであるほど現実的でない。

■マッツの金言
考え疲れた時点で、結論となる。

第七定理は、**人間は利己的にふるまおうとする動物である**という「宿命」を主張しています。そういう行動は、人間にすでに遺伝子レベルで組み込まれています。種として避けがたいものなんです。しかも人間とは、たとえ自分に不利になるとわかっていても、裏切りたくなる動物です。

また、第八定理が述べたのは、ゲーム型社会の人間関係を考えるとき、ゲーム理論などの数学は、まだまだ十分な道具となりえていないという厳粛な事実です。人工的な設定が、ほんの少し実社会と異なっているだけで、ゲームの解というのはすっかり変わってしまいかねません。その結果、実社会の人間関係などについて、深刻な結末を生むおそれがあります。ゲーム理論などの机上の理論だけに頼るべきではありません。

そして、最後の第九定理では、ぼくたちの社会は、コンピュータという機械的知性体と、すでに〝共生〟関係にあるのだということ。コンピュータは、えんえんと、定められた戦略のままにプレイし続けます。その無限のサイクルの行き着く先、あるいはその無限の環が一瞬のエラーででもとぎれた先に、大不幸という反転世界が待っているおそれがあります。

　実際、一九八七年十月に株式市場で起きた「ブラック・マンデー」の大暴落は、コンピュータによる「プログラム売買」が、一斉に売り注文の判定を出したことにあったとされています。ゲーム理論の考察から、このようなコンピュータ的な極端な判断にも注意しなければならないことが示唆されます。

　ただ、これらの定理を厳密に〝証明〟することは避けておきましょう。その理由はアインシュタインの考察に基づいています。これらの定理は、不確かであるからこそ、数学上の大定理（?）なんです。もちろん、これらが究極の真理だとみんなが認めはじめたら、やはり恐ろしいですけれどね。

　でも、ま、そんなに気に病むことはありませんよ。明日は明日の風が吹くし、今日はまだ無風状態に近いんですから。今日は明日よりマシかもしれませんしね⁉

　ともかくも、ぼくたちはジレンマ状況のなかに生きていることだけはわかったわけです。わかったのはそれだけ、と思っておいていただいてもよいでしょう。それ以上のことは、証明すべき問題というより、ぼくたちが対処し、改善すべき問題なんでしょうね。

第6章

スクラム組んで「負けた人の勝ち」！

1 多人数のゲームを考えてみよう

三人のゲームで二人が結託すると……

本章では、二人ゲーム以外の問題も扱うことにしましょう。もっと多人数でのゲームも考えるんです。「多人数ゲーム」では、プレイヤーの一部が「結託」すると、他のプレイヤーに対して大被害をおよぼすことができます。

たとえば、「はずれ負け」という次のゲームは、三人ゲームの例ですが、二人が結託して、残りの一人を惨敗させることができるのです。

例6・1 はずれ負けゲーム

三人でおこなう「はずれ負けゲーム」、ルールは次のとおりです。

1 三人がそれぞれ一枚のコインを握っていて、それを同時に見せあいます。

2 三人とも表、あるいは三人とも裏のときは、引き分けです。

3 一人が表で他の二人が裏か、あるいは一人が裏で他の二人が表のときは、はずれた一人が、他の二人に一ドルずつ支払います。

A君、B君、C君という三人が、このはずれ負けゲームをおこないました。正直者のC君は、みんなフェアプレイしているものとばかり思っていたのに、さんざん負けてしまいました。

どうやったんでしょうね?

あとでC君が眉をひそめていると、D君が言いました。

「あの二人、仲がいいから結託してたんだよ。オマエ、絶好のカモにされたんだ」

手口はごく簡単でした。A君がB君に、右目で目くばせすると表、左目で目くばせすると裏というように、この二人はしめし合わせていただけ。

ナッシュ均衡って?

多人数ゲームの問題がむずかしいのは、戦い方がますます高度な頭脳プレイになってくるし、後に述べるように、なかなかパラドキシカルで、とてもではないが一筋縄ではいかないからです。

ゲーム理論の分野で大きな貢献をした人たちが、何人かいます。ノイマンやモルゲンシュテルンといった創始者たちのほかに、たとえば、J・F・ナッシュなどがそうです。

ナッシュが提案した「**ナッシュ均衡**」の概念を使えば、多人数の非協力ゲームでも、混合戦略によって解を求めることができます。またその概念は、非ゼロ和ゲームにも適用可能なんです。

ナッシュ均衡とは、「**自分だけが他のプレイヤーと異なった戦略を用いると、ゲームで必ず損をする**」という状況を数学的に表現した概念です。

かみくだくと、前に述べた野球の対決のケースでは、バッターの最適戦略はピッチャーの最適戦略とちょうどマッチし、これをはずれると打率が低下しました。ミニマックス戦略がナッシュ均衡になっていたのです。

しかし、たとえば囚人のジレンマの場合、「二人とも自白」というのがナッシュ均衡点なんです。ですから、プレイヤーにとっては、かならずしもよい解とはいえない場合もあります。

また、はずれ負けゲームについていうと、全員が非協力の立場で争うなら、コインの表と裏を半々の確率で出すのが、ナッシュ均衡点です。しかし、一部のプレイヤーたちが結託するとなると、このナッシュによる概念だけでは解決できません。

ナッシュは一九九四年に、ノーベル経済学賞を受賞しました。大江健三郎さんがノーベル文学賞を受賞したのと同じ年です。業績は主として非協力ゲームの理論に関してでした。プレイヤーが結託したりするような協力型のゲームは、もっとむずかしいんです。

協力型ゲームの解はたくさん!!

協力型の多人数ゲームについては、学者によってさまざまな解が提案されてきました。そして、正直なところ、まさに決定版というものがないままに、現在に至っています。

協力型の多人数ゲームでは、利得をどう配分するかを決めるのが、問題の主眼になります。戦略を決める非協力型ゲームとは、発想が異なっているんです。

はずれ負けゲームの場合、ノイマンとモルゲンシュテルンによる解は次のとおりです。三人のうち、だれか二人が結託します。結託からはずれるのは、A君、B君、C君の三とおりです。この三とおりのすべてを並べたものが、彼らの解です。

たとえば、C君が損をする結託が生まれそうなときに、これはたいへんだ、とC君がA君に提案したとしましょう。

「ねえ、A君、ボクと結託してくれたら、B君に勝ったときに、一ドル一〇セントあげるよ。ボクの取り分は九〇セントでいいからさ」

これは、A君にとって有利ですから、彼はこの提案に乗るでしょうか。ノイマンとモルゲンシュテルンは、そうは考えません。すなわち、B君が反撃してくるはずだからです。

「C君、そんなことしなくっていいよ。ボクと結託してくれるなら、一ドルずつ山分けだ。きみ、どっちが得かわかるだろ」

こういう交渉がおこなわれるので、ノイマンとモルゲンシュテルンは、解は、単にだれかがはずれて負けるものに落ち着くと考えます。だれがはずれるかは、数学だけでは決まらないわけです。

このノイマンとモルゲンシュテルンの解以外にも、協力ゲームのさまざまな解が提案されています。ノイマンらの方法では、かならずしもすべての協力ゲームを解けるわけではなく、**十人ゲームなどで解が存在しないものが見つかっている**のです。そういう欠点があったりするものですから、他の形の解を求める努力がなされます。

そのようにして考案された解のなかには、現実問題に適用されて、十分な有効性を確かめられたものもあります。

たとえば、アメリカのニューディール計画におけるテネシー川開発（ＴＶＡ）では、開発の費用分担問題が存在しました。そして、交渉でようやく決まった費用分担方法が、ゲーム理論での解概念に一致したりしたのです。

また、わが国の水資源開発にも、神奈川県などで、ゲーム理論の計算方法が適用された例があります。そこで用いられた概念は本書の範囲を超えますので、説明を省略しますが、基本的には、単独で事業をおこなうよりも、二者以上で協同事業にしたほうが、各々の費用分担が減少する、という原則にのっとっています。

しかし、たとえばムカデのゲームの対戦者たちが、協力をおこなうことができなくて、非協力のままなら、利益は最小となります。協力したいと思っても、**交渉という概念を知らなければ、彼らは全員百両損の定理に従うしかない**のです。

また、協力ゲームには解の概念がありすぎて（十指でも数えきれないほどあります）、そのそれぞれで利得の配分が異なったりするものですから、そのためにいさかいが起こって、ふたたび不幸せの原因になりえます。現実社会でありがちなトラブルですね。ただ、その話は少々複雑になりすぎますので、ここでは指摘するだけにとどめておきましょう。

2 選挙はとてもむずかしい

議席減で影響力が増大した選挙？

さて以下では、多人数ゲームの典型的な問題として、「選挙」という制度について見ていくことにしましょう。多人数の戦いがおこなわれて、さまざまな駆け引きや策略が、それこそ日ごとにウズ巻いているのは、政治の場です。

例6・2　敗北選挙？

ある国の国会は、タテダ氏、ヨコダ氏、ナナメダ氏が率いる、三つの政党から構成されていましたとさ。しかし、与党党首だったタテダ氏が「タテのものはタテにすべきだ、ヨコのものもタテにすべきだ！」と大暴言を吐いた結果、国会を解散せざるをえないハメにおちいり、総選挙がおこなわれました。

選挙前の各党勢力

タテダ党:53人　ヨコダ党:28人　ナナメダ党:20人

選挙の途中経過で、ハラハラするのに慣れているとはいえ、中道勢力を率いるナナメダ氏は、開票が進むにつれ、涙が出そうな顔つきになってきました。ナナメダ党が、議席を減らすかもしれないのです……。

やがて、各党の新議席数が確定しました。

選挙後の各党勢力
タテダ党:48人　ヨコダ党:35人　ナナメダ党:18人

タテダ党が議席を減らしたのは当然で、この選挙は完敗。また、ヨコダ党は七議席増やして、大勝利を宣言。気の毒だったのは、ナナメダ党です。万年野党だったのに、さらに二議席減らしてしまいました。ナナメダ氏は、引責辞任を決意する瀬戸際に立たされました。

はたして、ナナメダ氏は責任をとらないといけない?

ところがです。その夜のうちにも、情勢は変化してきました。ナナメダ氏のもとにはタテダ陣営からも、ヨコダ陣営からも、連立政権構想が持ち込まれたのです。自党の当選者数ばかりに目が行っていましたが、ナナメダ氏は、そこでハッと気がつきました。

「キャスティング・ヴォート（決定権となる票）を握ることが、大事だったんじゃ」

国会議員の総数は、一〇一名。総選挙前、タテダ党は過半数与党でしたが、選挙後は過半数を割ったため、ナナメダ党も組閣のキャスティング・ヴォートを握ったのです。

選挙の大義名分から考えて、彼がヨコダ氏と連立政権を組んだのは、当然のなりゆきでした。

これはごく単純な一例でしたが、選挙においては、さまざまなパラドックスが発生します。**議席数を減らしたにもかかわらず、影響力が大きくなるといった現象**は、日常茶飯事として起こっているのです。

「シャプレイ値」という概念を応用すると、各政党の影響力を計算することができます。くわしいご説明は省略しますが、シャプレイ値とは、プレイヤーが「結託」に与える影響力を数値化した値です。あるプレイヤーが結託に加わるかどうかで、結託の有利さが大きく変化するなら、そのプレイヤーのシャプレイ値は大きいです。そして、そうでない場合には小さいのです。

さきほどの例では、ヨコダ党とナナメダ党の影響力としてのシャプレイ値は、選挙前はいずれも0でした。つまり、結託しても、なんら影響力を与えられないということ。一方、タテダ党のシャプレイ値は1。すなわち、タテダ党が過半数勢力で、すべての決定権を握っていたのです。

しかし選挙後は、いずれかの二政党が連立しなければ、政権をとれない情勢となりました。選挙後の各党のシャプレイ値は、すべて等しく3分の1なんです。少数党のナナメダ党が、多数党のタテダ党と同じ影響力をもつようになりました。

ナナメダ党が連立すれば過半数となり、そこから抜ければ過半数を割る、という場合が増えれば増えるほど、党の影響力は大きくなってきて、シャプレイ値が増加するのです。

選挙にパラドックスはつきもの

選挙というのは、一票でも多ければ勝ちなので、かならずしも得票率と議席数とは、ぴったりと比例しません。わが国の選挙でも、そういう現象がよく起こっています。

例6・3 衆議院選挙の例

過去において最も典型的な例として、一九八三年（昭和五十八年）と、一九八六年（昭和六十一年）の衆議院選挙を比較してみますと、

選挙年	自民の得票率	自民の議席率
一九八三年	四五・七％	四八・九％
一九八六年	四九・四％	五九・四％

のようになっています。八六年の選挙で、得票率は三・七ポイントしか増えていないのに、議席数は一〇・五ポイントも増加しました。三〇四議席もの大量当選を果たした年です。

また、アメリカの大統領選挙の場合、州ごとに選挙をおこないます。各州ごとに、有権者の票数が一票でも多ければ、その州の選挙人全員を獲得する制度になっ

ています。

接戦となっている選挙では、大きな州での選挙結果が、決定的な影響を与えます。二〇〇〇年の大統領選挙で、ブッシュ候補とゴア候補が大接戦を演じ、フロリダ州でのごく小さな票差で決まった事例は有名になりました。

さらに、比例代表制選挙という制度でも、とても奇妙な現象が起こることが知られています。

比例代表制を採用すれば、原理的に死に票（落選候補者に投じられた票）がなくなり、議会を国民の意見分布の縮図にすることができる、というのが利点とされています。しかし、議席数の配分に、パラドックスが生じることがありますので、その運用はかなりむずかしいのです。

また、「小選挙区制」の選挙での、各都道府県への「議員定数の割り当て」にも、この比例代表制と同じ考え方が採用されています。小選挙区制選挙では、各県に何人の人が住んでいるかをもとにして、その人口にほぼ比例するように、議席の定数を配分していきます。この議席定数の配分に、比例代表制選挙と同様の方法が使われるのです。

小選挙区の定数割り当てでは、次のようないくつかの条件が満たされないといけません。国が採用するルールというのは、いかにもややこしいですが――

a　人口の多い県は、少ない県より、議席数が多いか等しいこと。すなわち逆転区が存在しないこと

b　全人口に対するその県の人口比で求められる小数値を、整数に切り上げた値か、整数に切り下げた値の範囲におさまること

c　総定数を増加させたとき、各県の議席数は、増加することはあっても、減少することはないこと

d　全国に占める人口の比率が増加した場合、定数の再配分をおこなっても、議席が減少することはないこと

きちんと読んでみると、いかにももっともな条件が並べられているだけです。しかし、これがなかなか満たせません。わが国の選挙制度審議会が提案した、小選挙区制の定数配分法は、**「最大剰余法」**に基づく方式を使っています（比例代表制選挙のほうは「ドント法」です）。

最大剰余法という方式では――

1　まず人口比による割り当て分を、小数点以下で切り捨てて、暫定の議席を配分する。

2　小数点以下の端数を、各県で比較し、最も端数が大きいところから、残りの定数を一ずつ配分していく。

たとえば、人口比で議席の割り当て分を計算した結果、A県は四・三、B県は二・九だったとしましょう。この場合、とりあえずA県に四議席、B県に二議席を割り当てます。そして、全体でまだ残っている定数があったら、小数点以下の端数が大きい県から一議席ずつ配分していきます。A県の端数は〇・三、B県の端数は〇・九だから、この例では、残りの議席配分をおこなうとき、B県のほうがずっと優先度が高いのです。

この方式なら、だれしもうまくいくと思うことでしょう。きわめて公平だし、定数配分法として、とくに問題になりそうなところは何もないからです。しかし……。

アラバマ・パラドックス

選挙での定数配分にパラドックスが発見されたのは、かなり昔、一八八一年のことでした。アメリカ下院議員選挙の定数配分中に、アラバマ州への定数配分に奇妙な現象が発見されましたので、それにちなんで、「アラバマ・パラドックス」と呼ばれています。

下院全体の定数が増えたので、各州の定数を改定しようと、計算していました。すると、全体の定数が増えているにもかかわらず、アラバマ州への定数配分だけが減ってしまった（!）のです。

人口比率を同じままにして、総定数を元に戻すと、アラバマ州への議席配分は増えます。しかし、総定数を増やしてみますと、アラバマ州だけ逆転して、議席配分が減ってしまうんです。なんとも奇妙な結果ですね。

実は、先述のdの条件に関しては、どのような配分法を用いても、その条件をいつでも満たす、ということは不可能なことが知られています。すなわち、全国に占める人口比が増大したにもかかわらず、議席配分が減少する、という不条理を避けられないのです。

また、cの条件についても、配分法によっては、ときにパラドックスが生じてしまうことが知られています。すなわち、総定数を増加させたにもかかわらず、配分される議席数が減ってしまうことがあるのです。最大剰余法はこの欠点をもっています。

『bit』誌の一九九二年十二月号では、わが国の小選挙区選挙で、比例代表制で定数配分をおこなう計算が、シミュレーションされています(小野芳彦「素人の選挙制度シミュレーション」)。

例6・4　日本で起こるアラバマ・パラドックス

小選挙区の総定数を三〇〇としてみると、一九八七年の人口構成と、一九九〇年の人口構成では、鳥取県への定数配分にパラドックスが生じます。

九〇年に人口比が減少しているにもかかわらず、なんと定数配分は増加しているのです!

一方、総定数を三〇一にしてみると、どちらの人口構成でも定数配分は二名となり、矛盾は生じません。

また、九〇年の人口構成で計算したとき、総定数が三〇二までは、鳥取の定数配分は二名です。

しかし、総定数三〇三から三〇六の範囲では、また一名に戻ってしまいます。つまり、アラバマ・パラドックスが日本でも起こっているのです。

小選挙区制で、一票の重みの格差を是正するのがむずかしいことを、この例からおわかりいただけるでしょう。議員の定数配分が一名になるか二名になるかによって、一票の重みに二倍の格差が生じますよね。

重みの格差が「二倍以内」でないと違憲！と決めても、達成するのは至難のわざということです。選挙というのは、とてもむずかしいわけですね。

なお、実際の選挙制度では、人口の少ない地域に配慮するなどの方式を加味していいます。そのため、ますます一票の重みに格差ができる問題を解消しにくくなっています。

3 民主主義は完全ではない?

グーな案の勝ち

選挙にひそむパラドックスの一端を示したところで、読者のみなさんのなかには、ひょっとすると、民主主義という現代社会の最高原理には、なにかもっと大きな問題点がひそんでいるのではないか、という予感をもたれた方がいないでしょうか。

その予感は、実は正しいのです。この本はときどきジョークっぽい書き方をしてきましたが、ゲーム理論の本格的な入門書としての内容を併せもっていました。どうやらゲーム理論で述べるべき最後の問題点に到達したようです。

ちょっとたとえ話をしてみましょう。

例6・5　グーな案に決定

ある会社に、将来を嘱望《しょくぼう》されている有能な社員がいました。彼はゲーム理論にとてもたけていました。

この社員氏のもとには、三つの案が寄せられていて、彼はそれらのうち、最良の案を一つ選ばなければなりませんでした。三つの案とは――とってもグーな案、とってもチョキな案、とってもパーな案です。

ところが、これらには、一長一短があって、どれが特に優れているということもなかったのです。社員氏が比較検討したところでは、グーな案は、チョキな案より優れていました。チョキな案は、パーな案よりましでした。そして、パーな案は、グーな案に勝っていました。

このジャンケンみたいな三案を前にして、迷っていたところ、課長から圧力がかかって、とってもグーな案を通してほしい、と頼まれたのです。

彼は部長のところに出かけました。

「部長、三つの案を検討していたんですが、ようやく決まりました」

「ほう。なかなかむずかしかったんじゃないのかね」

社員氏は、にこやかにほほえみました。

「なあに。まず、チョキな案と、パーな案を比較してみてください。チョキな案のほうがいいですね」

「フム」

「じゃ、そのチョキな案と、グーな案を比較してどちらがいいですか？」

「そりゃあ、グーな案だね」

「ですから、グーな案に決まりです」

被告人は死刑か無罪か

このたとえ話はカラクリが簡単すぎて、なあんだ、と思われたかもしれません。ジャンケンそのままですからね。しかし、これと原理はまったく同じでも、とても複雑な様相を呈することがあります。

ゲーム理論のさまざまなケーススタディーを満載していて、非常に優れた教科書である、ディキシットとネイルバフの『戦略的思考とは何か』（TBSブリタニカ刊）では、これを法廷での刑事裁判に適用した例を掲げています。ここでは少し変形して紹介しましょう。

例6・6　裁判の判決

紀元一〇〇年ころ、ローマの小プリニウスが直面したジレンマがあります。

表11　被告人は死刑、終身刑、それとも無罪？

順位	判事A	判事B	判事C
①	死刑	終身刑	無罪
②	終身刑	無罪	死刑
③	無罪	死刑	終身刑

被告人の運命は、三人の判事にあずけられていました。判事たちの意見はそれぞれに異なっているので、〝多数決〟でも採用せざるをえませんでした。

判事Aは——被告は有罪であり、できるだけ重い刑に、と考えていました。彼の考えでは、「死刑」「終身刑」「無罪」の優先順位でした。

判事Bは——被告は有罪ですが、彼自身は死刑反対論者でした。彼の優先順位は、「終身刑」「無罪」「死刑」でした。

判事Cは——被告が無罪だと主張しましたが、一生を刑務所で過ごすのは、死刑よりむごいと考えたのです。彼の順位では、「無罪」「死刑」「終身刑」の順でした。

これを表にすると、表11のようになります。

さて、判決はいったいどういうことになるのでしょうか？

この例題の場合、実は量刑の決定のしかたによって、三とおりの判決が出てきますよ。

裁判で量刑を決める方式として、ここでは次の三とおりを考えます。

●現行式
　最初に有罪か無罪かを決め、もし有罪であれば相応の刑を科します。

●ローマ式
　まず死刑に値するかどうかを決め、もし値しなければ、終身刑に値するかどうかを決めます。このようにして、どんどん軽い刑に下がっていき、どの刑も科されないとき、被告は無罪です。

●罪刑決定式
　はじめに、被告人がもし有罪なら、と仮定して、罪に対してふさわしい量刑を決めます。その後、被告人が有罪にされるべきかどうか判断します。

では、それぞれの方式に沿って、表と対応をとりながら量刑を考えてみましょう。表でよく確認しながらお考えください。

●現行式の場合――死刑の判決

まず無罪か有罪かを、多数決で決めます。第一順位が無罪の判事は一人だけですので、結果は、有罪です。次に、死刑と終身刑とを多数決で選ぶと――「死刑」に確定します（判事Cも死刑に投票するからです）。

●ローマ式の場合――終身刑の判決

まず死刑に値するか否かを、多数決で決めます。第一順位が死刑の判事は一人だけなので、結果は、値しません。次に、終身刑と無罪とを比較し、終身刑に値するかを多数決で決めると――「終身刑」に確定します（判事Aも終身刑を選ぶからです）。

●罪刑決定式の場合――無罪の判決

まず罪に対するふさわしい量刑を、多数決で決めます。この場合、死刑と終身刑とを比較して、死刑を優先する判事のほうが多いので、結果は、死刑です。では、死刑と無罪とだけを比較しながら、有罪かどうかを多数決で決めると――「無罪」に確定します（判事Bも無罪の立場になるからです）。

いずれもがそれなりの合理性をもっている法制度のもとで、これほど結果に差が出るのでは、驚きというほかありません。

グーな案を選ぶという第一話は、単なる冗談にすぎませんでしたが、この第二話では、**民主的な多数決制度に潜む〝欠陥〟**が、まさに現実性をおびてくるわけです。

ミスコンテストのマカ不思議な決定法

では、究極の第三話です。もっと複雑な多数決の例を考えてみましょう。

例6・7　ミスコンテストの多数決

ミスコンテストが開かれました。セクシーで魅力的な美女たちが、何人も応募してきました。最終選考に残ったのは、金髪美人たちを含めて次の六人。

A:アキコ　B:ベティ　C:チエコ　D:ディアナ　E:エリコ　F:フラニー

ところが、ある芸能プロダクションの社長が、審査委員長にねじ込んできて、もう一人追加してくれ、と裏金をつかませました。

「お願いしますよ、委員長。彼女、うちからセクシーアイドルとして大々的に売り出したいんです。だから、ミスになって、ハクをつけときたいんですよ」

「しかしねえ……。たとえ最終選考に残っても、ミスには選ばれっこないよ。下馬評では、おそらく一位は、アキコちゃんだな」

「そこをなんとか――。ミスにしてもらえれば、お礼はうんとはずみますから」

「弱ったな。で、だれを追加したいんだっけ」

「グリコちゃんです！」

というわけで、予選通過者は、Aから〝おまけ〟のG（グリコ）までの計七人となりました。

審査員は、カオダ氏、スタイルダ氏、セクシーダ氏という、変な名前の三人です。三人はそれぞれ名前どおり、応募者の顔、スタイル、セクシーさに注目しています。彼らがつけた評点は、次の表のとおり。

順位	セクシーダ	スタイルダ	カオダ
1	A	B	C
2	D	A	B
3	C	E	A
4	B	D	F
5	G	C	E
6	F	G	D
7	E	F	G

この評点を見るかぎり、アキコちゃんは、まんべんなく高得点を獲得していることがわかります。しかし、グリコちゃんは、セクシーさは多少ましだというものの、このままでは最下位に甘んじざるをえないと予想されました。

さあ、だれが優勝するんでしょうね?

さて、審査会議の席上、審査委員長氏は裏金の約束があったものですから、秘策をもって臨みました――。

「まず、アキコちゃんとベティちゃんを比較しましょうか。みなさんは、どちらがいいですか?」

「アキコちゃんがいい」とセクシーダ氏。「ベティちゃんだ」とスタイルダ氏。「べ

ティじゃ」とカオダ氏。もちろん、さきほどの順位表どおりに、各自がより上位にしている応募者名の回答を得ました。

「じゃ、多数決で、ベティちゃんのほうがいいですね」

2対1ですので、セクシーダ氏もしぶしぶ納得しました。

「では次に、そのベティちゃんと、チエコちゃんを比べると？」

順位表に従い、カオダ氏はC、スタイルダ氏はB、セクシーダ氏はC。今度も多数決で、チエコちゃんを選びました。

「じゃ次に、CのチエコちゃんとDのディアナちゃんも、比べなくちゃいけませんね」

読者のみなさんはもう、審査委員長氏

の作戦を理解されたことでしょう。表を見て比較していただくと、今度の多数決では、2対1でDのディアナちゃんが選ばれます。

そして、ディアナちゃんとエリコちゃんを比較して、エリコちゃんを勝ちとし、そのエリコちゃんとフラニーちゃんを比較して、フラニーちゃんを残したのです。実際にやってみてください。そのとおりになりますから。

「さあ、いよいよ最後ですよ。Fのフラニーちゃんと、Gのグリコちゃんで、勝ったほうが晴れの栄冠を獲得するわけです。みなさん、どちらを選びますか？」

「FとGでは――G」とセクシーダ氏。「ウーン、おれもG」とスタイルダ氏。「いや、やっぱりFじゃが……」とうんざり気味のカオダ氏。

「そうすると、多数決では――Gの勝ち。ということは、結局、**グリコちゃんがミスコンの優勝者に決まり**ですね！」

審査員の諸氏は、いささか納得のいかない表情でしたが、委員長氏の腹案どおり、めでたく（？）グリコちゃんが優勝した、というわけです。

なるほど「いちばん負けてる者が勝ち」型もありうるわけですが、ゲーム社会というのは、ほとほとむずかしいものですね。

永遠不幸の結末

「始まりがよいと、終わりは悪く、始まりが悪いと、終わりはもっと悪い」とマーフィーの法則群が述べるように、本書は小さな不幸せから出発しつつ、ようやく民主主義というヨコ社会の根本原理にまで到達しました。

民主主義のルールを疑う読者など、だれ一人おられなかったのではないでしょうか？「制度」というのは、ほんとうにむずかしいものですね。これではシャレにならないよ、と本格的に〝大不幸〟を味わってしまいます。

もちろん、序章でご紹介した「タライまわし」のジョークを思い出していただけば、だれも責任をもたない体制というのは、常に不幸であることがわかります。

しかし、もし民主主義という制度さえダメだというのなら、ぼくたちには、その代案として、もっと優れた社会制度を選ぶ道が残されているのでしょうか？

この問題で、ケネス・アローという学者が、一九七二年にノーベル経済学賞を受賞しましたが、彼の結論では、民主主義には確かに欠陥があります。「最大多数の最大幸福」（民主主義でみんなが幸福になる）は不可能だというのです。しかし、民主主義を超える優れた政治原理も存在しそうにありません。

アマーティア・センという学者も、一九九八年にノーベル経済学賞を受賞しましたが、この系統の理論家でした。彼は、「自由と平等は両立しない」などを証明しました。自由を尊重すると、経済格差が大きくなって、平等が失われます。一方、平等を重視すると、だんだん不自由になるのです。

ぼくたちは、ゲーム理論的な不幸せというものを、かなりよく知るようになりました。単に勝ち方を研究するよりも、もっと大事な人生の秘密のようなものを少しはつかんだのかもしれません。この社会の根本原理にまで到達しました。

負けてばかりの不幸せも捨てたものじゃありません。人生とはそんなもの。だから、いいじゃないですか。ふだんが不幸せだったからこそ、ぼくたちも、ちょっと元気を出してがんばってみようか、という気になれるんですよ。ね、そうでしょ?

というわけで、「負けるが勝ち」の不幸せと逆転の哲学をテーマにしてきたこの本、マジメっぽく(?)最終定理を与えましょう。

第十定理(永遠不幸の定理)

1　民主主義という現代社会の根本原理にも、ジレンマやパラドックスが存在する。

2　人間社会には、けっして究極のユートピアは存在しない。
3　究極の幸福などありえないことを知らなければ、人間は永遠に不幸である。

これは皮肉でもなんでもなくて、「人間は永遠に充足された幸福状態に達することがない」ことがわかったのは、一つの成果というわけです。この世に存在しない「青い鳥」などを求めて、もう焦る必要はありませんから。

そうなんです。あなたが「負けてばかりだ」と嘆いていたとしても、一方、幸せの青い鳥を飼っているように見える人たちだって、やっぱり不幸せをたくさんかかえているはずなんです。そんなふうに、「この世の中はユートピアじゃない」とわかっていただきたかったんです。

みんな、なんらかの不幸せをかかえています。しょっちゅう負けています。他人の幸せをねたんだり、足を引っ張るなどという行為はよくありませんよ。そういう考え方が少しはできるようになったら、この〝定理〟をかなり理解いただけたことになります。幸せが始まる小さな極意です。

ジレンマと隣り合わせのまま、ぼくたちは未来へ向かって、また一歩ずつ歩みを進めていきます。ぼく自身は、やはりこの社会や、矛盾に満ちた人間たちが大好きですし、あなたもきっとそうなんでしょう。ぼくたちはみんな、こんな人間たちと、未来の運命をともにするつもりなんです。

ジョークをまじえたゲーム理論だったこの本は、これにてひとまずゲームオーバーです。ただ、この先にもまだまだ**不幸せのタネがゴロゴロ**しているでしょうけどね。不幸せの正体がかなりわかったんだから、めげずにがんばりましょう。

あとがき

この本では、「ゲーム理論」という近年注目されている科学で、現代社会を分析しつつ、ささやかなユーモアの素材に使ってみました。こんなにおもしろいし、役に立つ理論なのに、まだまだ普及していない科学です。

ゲーム理論という科学は、切り口からしておもしろいです。「他人がいるから、なにごとも自分の好き勝手にできるわけでない」という、人間社会の大原則を理論の核心にすえているからです。いわば、「自由主義社会」の落としどころを考える究極の科学なんだ、とお考えいただいてよいと思います。

この「他人がいる」という前提を置いただけで、従来の科学とすっかり様相が変わってしまいます。「こんなにも矛盾に満ちているのか……」というほど、ほとんどの方々は、ゲーム理論的な〝常識〟をご存じなかったことが、よくおわかりいただけたのではないでしょうか。

つまりほとんどの方は、この〝戦略的思考〟の科学が教える「戦い方」なるものの基本もご存じなかったということなんです。あるいは、「利害調整の仕方」とか、

「スマートに負ける方法」などをご存じなかったんですね。

さて、振り返ってみて、ぼくが感じたのは、科学というのは、よくもまあどこにでも首を突っ込んでいて、さまざまな強力な道具を発明していること。この本は負ける側と逆転の発想法に重点を置いて解説しましたが、目からウロコが落ちるようなおもしろさや興奮が、まだまだゴロゴロしているんです。

たとえば、絶えざる不運と同居する「マーフィーの法則」群と、一般的な「確率論の常識」とは、ぼくたちの科学知識では大きく食い違っていたはずです。そのすき間をこの本ではきちんと埋めてみました。実感として、マーフィーの法則に隠されていた真実を、科学的に解明してみたわけです。こんな不思議な疑問が氷解できただけでも、なんだかうれしくなってきますね。

この社会で、さまざまな不幸せや不運が、起こるべくして起こることを、ぼくたちはもう理論の力によって知っています。知っているからこそ、そこそこ我慢もできます。人間関係というのは、〝誤解〟に基づいたほうが得策だということがありえますし、民主主義にも奇妙な〝欠陥〟が潜んでいます。しかし、ぼくたちが理論よりもっと大事にしているのは、この現代的なコミュニティに積極的に参加することのほうでしょうね。

仲たがいしてしまったガールフレンドに、勇気をふるって電話した夜……。たとえそれでも彼女と仲なおりできなかったとしても、悲しみとともに、ぼくたちの心の中には、やっぱり未来を信じる気持ちや、彼女の幸せを願う優しさがこみあげてきます。

人間というのは、そういう点でいいものですね。そんな人たちの心には、まだ探せば山ほど、かけがえのない救いが残されています。だから不幸せなときでも、くじけないで生きられるんだと思います。

なお、本書は最初の出版時に、あちこちの出版社の編集者さんたちから特に気に入られた本でした。今回の文庫化にあたっても、ほとんど同時に三社の編集者さんからご依頼を受けました。その中で、ＰＨＰ研究所文庫出版部の太田智一さんにお願いしたのは、太田さんがけっしてくじけない不屈の編集者さんだったからでしょうか。共同作業でとても楽しく仕事をさせていただきました。心からお礼申します。

二〇〇四年一月

逢沢　明

◎参考図書

本書で参考にしたり引用させていただいた図書のうち、比較的入手しやすい和書を掲げておきます。一部に絶版書を含みますが、興味のあるみなさんは図書館などで探していただくとよいでしょう。

●逢沢明著『ゲーム理論トレーニング』かんき出版（二〇〇三年）
●ロバート・アクセルロッド著、松田裕之訳『つきあい方の科学』HBJ出版局（一九八七年）新装版：ミネルヴァ書房（一九九八年）
●D・M・クレプス著、高森寛、大住栄治、長橋透訳『ゲーム理論と経済学』東洋経済新報社（二〇〇〇年）
●小山昭雄著『ゲームの理論入門』日本経済新聞社・日経文庫（一九八〇年）
●フレッド・ゲティングズ著、大瀧啓裕訳『悪魔の事典』青土社（一九九二年）
●レスター・C・サロー著、岸本重陳訳『ゼロ・サム社会』TBSブリタニカ（一九八一年）
●鈴木光男著『ゲーム理論入門』共立出版（一九八一年）

●鈴木光男著『新ゲーム理論』勁草書房（一九九四年）
●アビナッシュ・K・ディキシット、バリー・J・ネイルバフ著、菅野隆、嶋津祐一訳『戦略的思考とは何か』TBSブリタニカ（一九九一年）
●モートン・D・デービス著、桐谷維、森克美訳『ゲームの理論入門』講談社・ブルーバックス（一九七三年）
●エドワード・デボノ著、白井實訳『水平思考の世界』講談社（一九六九年）
●リチャード・ドーキンス著、日高敏隆、岸由二、羽田節子、垂水雄二訳『利己的な遺伝子』紀伊國屋書店（一九九一年）
●中根千枝著『タテ社会の人間関係』講談社・現代新書（一九六七年）
●西田俊夫著『ゲームの理論』日科技連出版（一九七三年）
●西山賢一著『勝つためのゲームの理論』講談社・ブルーバックス（一九八六年）
●野崎昭弘著『詭弁論理学』中央公論新社・中公新書（一九七六年）
●ダレル・ハフ著、高木秀玄訳『統計でウソをつく法』講談社・ブルーバックス（一九六八年）
●A・ビアス著、西川正身編訳『新編　悪魔の辞典』岩波書店（一九八三年）文庫版（一九九七年）

●W・フェラー著、河田龍夫監訳『確率論とその応用I―上・下』紀伊國屋書店（一九六〇～六一年）
●フォン・ノイマン、オスカー・モルゲンシュテルン著、銀林浩、橋本和美、宮本敏雄監訳『ゲームの理論と経済行動　1～5』東京図書（一九七二～七三年）
●アーサー・ブロック著、倉骨彰訳『マーフィーの法則』アスキー出版局（一九九三年）
●ダグラス・R・ホフスタッター著、野崎昭弘、はやし・はじめ、柳瀬尚紀訳『ゲーデル、エッシャー、バッハ』白揚社（一九八五年）
●三浦靭郎訳編『ユダヤ笑話集』社会思想社・現代教養文庫（一九七五年）
●J・メイナード-スミス著、寺本英、梯正之訳『進化とゲーム理論』産業図書（一九八五年）

この作品は、一九九五年二月に光文社より刊行された『大不幸ゲーム』を改題し、大幅な加筆・修正を加えたものです。

著者紹介

逢沢　明（あいざわ　あきら）

1949年、大阪府生まれ。京都大学大学院博士課程修了。現在、京都大学助教授（情報学研究科）・工学博士。気鋭の情報科学者、情報文明学者であるとともに、超難問パズル「すべては無から生まれる」「否定が一つであるコンピュータ」などでも知られる。パズル・クイズを10万問集めたといわれる収集家としても有名。

著書に『ゲーム理論トレーニング』（かんき出版）、『京大式ロジカルシンキング』（サンマーク出版）、『転換期の情報社会』（講談社現代新書）、『頭がよくなる論理パズル』『頭がよくなる図形パズル』『頭がよくなる論理パズル　パワーアップ編』『問題解決力パズル』（以上、ＰＨＰ研究所）、『大人のクイズ』『頭がよくなる数学パズル』（以上、ＰＨＰ文庫）など多数。

ＰＨＰ文庫　「負けるが勝ち」の逆転！ゲーム理論

2004年２月18日　第１版第１刷

著　者　　逢　沢　　明
発行者　　江　口　克　彦
発行所　　ＰＨＰ研究所
東京本部　〒102-8331　千代田区三番町３番地10
文庫出版部　☎03-3239-6259
普及一部　☎03-3239-6233
京都本部　〒601-8411　京都市南区西九条北ノ内町11
PHP INTERFACE　http://www.php.co.jp/
制作協力
組　　版　　ＰＨＰエディターズ・グループ
印刷所
製本所　　凸版印刷株式会社

ISBN4-569-66124-6

PHP文庫

菅原明子　マイナスイオンの秘密
菅原万美　お嬢様ルール入門
鈴木　豊　「顧客満足」の基本がわかる本
スチュアート・クレイナー　金　利光　訳　ウェルチ　勝者の哲学
世界博学倶楽部　「世界地理」なるほど雑学事典
世界博学倶楽部　「世界の地名」なるほど雑学事典
関　裕二　古代史の秘密を握る人たち
関　裕二　消された王権・物部氏の謎
関　裕二　大化改新の謎
瀬島龍三　大東亜戦争の実相
全国データ愛好会　47都道府県なんでもベスト10
太平洋戦争研究会　太平洋戦争がよくわかる本
太平洋戦争研究会　日本海軍がよくわかる事典
太平洋戦争研究会　日本陸軍がよくわかる事典
多賀一史　日本海軍艦艇ハンドブック
多賀一史　日本陸海軍航空機ハンドブック
高川敏雄　「ネットビジネス」入門の入門
高嶋秀武　話のおもしろい人、つまらない人
高嶌幸広　説明上手になる本
高嶌幸広　説得上手になる本

高野　澄　井伊直政
高橋勝成　ゴルフ最短上達法
高橋克彦　風の陣［立志篇］
高橋安昭　会社の数字に強くなる本
高橋和島　福島正則
高宮和彦　監修　健康常識なるほど事典
財部誠一　カルロス・ゴーンは日産をいかにして変えたか
滝川好夫　「経済図表・用語」早わかり
匠　英一　監修　「しぐさと心理」のウラ読み事典
武田鏡村　前田利家の謎
武田鏡村　大いなる謎・織田信長
武光　誠　古代史大逆転
田坂広志　意思決定12の心得
田島みるく　文／絵　お子様ってやつは
田島みるく　文／絵　「出産」ってやつは
立石　優　范蠡
立川志の輔　選・監修　PHP研究所　編　古典落語100席
田中　宇　国際情勢の事情通になれる本
田中澄江　「しつけ」の上手い親・下手な親
田中誠一　ゴルフ上達の科学

田中真澄　大リストラ時代・サラリーマン卒業宣言！
谷沢永一　こんな人生を送ってみたい
谷沢永一　渡部昇一　人生は論語に窮まる
田原　紘　実践　50歳からのパワーゴルフ
田原　紘　上手いゴルファーはここが違う
西野広祥　中国古典百言百話2　韓非子
柘植久慶　旅順
柘植久慶　ネルソン提督
柘植久慶　戦場の名言録
帝国データバンク情報部　編　危ない会社の見分け方
出口保夫　英国紅茶の話
出口保夫　林　望　イギリスはかしこい
寺林　峻　服部半蔵
童門冬二　名補佐役の条件
童門冬二　宮本武蔵の人生訓
童門冬二　男の論語（上）（下）
童門冬二　上杉鷹山の経営学
徳永真一郎　明智光秀
戸部新十郎　二十五人の剣豪
戸部新十郎　信長の合戦

PHP文庫

PHP文庫

松野宗純　人生は雨の日の托鉢
松原惇子　「なりたい自分」がわからない女たちへ
松原惇子　「いい女」講座
松原惇子　そのままの自分でいいじゃない
的川泰宣　宇宙の謎を楽しむ本
的川泰宣　「宇宙の謎」まるわかり
水野靖夫　微妙な日本語使い分け字典
満坂太郎　榎本武揚
三戸岡道夫　大山巌
水上勉　「般若心経」を読む
雅孝司　パズル大学
雅孝司　おもわず人に話したくなる「日本語」の本
宮部みゆき／阿部龍太郎／中村隆資 他　運命の剣のきばしら
宮部みゆき　初ものがたり
宮脇檀　都市の快適住居学
向山洋一 編／渡辺尚人 著　小・中学校の「日本史」を20場面で完全理解
向山洋一　向山式「勉強のコツ」がよくわかる本
向山洋一 編／師尾喜代子 著　小学校の「漢字」を5時間で攻略する本
向山洋一 編／石黒智美／遠藤真理子 著　小学校の「算数」を5時間で攻略する本
向山洋一 編／大鐘雅勝 著　中学校の「英語」を完全攻略

村山孚　「論語」一日一言
百瀬明治　般若心経の謎
森一矢　裏インターネット事件簿
森荷葉　和風えれがんとマナー講座
森本邦子　素敵に生きる女の母親学
守屋洋　男の後半生
守屋洋　新釈菜根譚
八坂裕子　ハートを伝える聞き方、話し方
安岡正篤　論語に学ぶ
安岡正篤　活学としての東洋思想
安岡正篤　活眼活学
矢野新一　出身地でわかる性格・相性事典
八尋舜右　立花宗茂
スーザン・ヘイワード 編／山川紘矢・亜希子 訳　聖なる知恵の言葉
ブライアン・L・ワイス／山川紘矢・亜希子 訳　前世療法(1)(2)
ブライアン・L・ワイス／山川紘矢・亜希子 訳　魂の伴侶—ソウルメイト
山折哲雄　蓮如と信長
山口徹　「心のよりどころ」を見つけるヒント
山﨑武也　一流の条件
山﨑武也　一流の仕事術

山﨑房一　子どもを伸ばす魔法のことば
山﨑房一　心がやすらぐ魔法のことば
山田正二 監修　間違いだらけの健康常識
山村竜也　新選組剣客伝
唯川恵　明日に一歩踏み出すために
養老孟司／甲野善紀　自分の頭と身体で考える
吉田一彦　CIAを創った男 ウィリアム・ドノバン
吉田俊雄　戦艦大和・その生と死
吉元由美　ハッピー・ガールズ
読売新聞大阪編集局　雑学新聞
読売新聞大阪編集局　雑学特ダネ新聞
リック西尾　自分のことを英語で言えますか?
竜崎攻　真田昌幸
鷲田小彌太　「やりたいこと」がわからない人たちへ
鷲田小彌太　大学教授になる方法
渡辺和子　愛をこめて生きる
渡部昇一　日本人の本能
和田秀樹　受験は要領
和田秀樹　受験は要領 テクニック編
和田秀樹　まじめすぎる君たちへ